和谐校园文化建设读本

园林掠影

YUANLINLUEYING

隋立华/编写

吉林教育出版社

图书在版编目(CIP)数据

园林掠影 / 隋立华编写. — 长春：吉林教育出版社，2012.6（2023.2重印）

（和谐校园文化建设读本）

ISBN 978-7-5383-8810-7

Ⅰ.①园… Ⅱ.①隋… Ⅲ.①园林艺术－中国－青年读物②园林艺术－中国－少年读物 Ⅳ.①TU986.62-49

中国版本图书馆 CIP 数据核字（2012）第 116084 号

园林掠影

YUANLIN LÜEYING

隋立华　编写

策划编辑　刘　军　　潘宏竹

责任编辑　付晓霞　　　　　　　　　　　　　　　　**装帧设计**　王洪义

出版　吉林教育出版社（长春市同志街 1991 号　邮编 130021）

发行　吉林教育出版社

印刷　北京一鑫印务有限责任公司

开本　710 毫米×1000 毫米　1/16　　**印张**　11　　**字数**　140千字

版次　2012 年 6 月第 1 版　　**印次**　2023 年 2 月第 3 次印刷

书号　ISBN 978-7-5383-8810-7

定价　39.80 元

编 委 会

总序

千秋基业，教育为本；源浚流畅，本固枝荣。

什么是校园文化？所谓"文化"是人类所创造的精神财富的总和，如文学、艺术、教育、科学等。而"校园文化"是人类所创造的一切精神财富在校园中的集中体现。"和谐校园文化建设"，贵在和谐，重在建设。

建设和谐的校园文化，就是要改变僵化死板的教学模式，要引导学生走出教室，走进自然，了解社会，感悟人生，逐步读懂人生、自然、社会这三本大书。

深化教育改革，加快教育发展，构建和谐校园文化，"路漫漫其修远兮"，奋斗正未有穷期。和谐校园文化建设的研究课题重大，意义重要，内涵丰富，是教育工作的一个永恒主题。和谐校园文化建设的实施方向正确，重点突出，是教育思想的根本转变和教育运行机制的全面更新。

我们出版的这套《和谐校园文化建设读本》，既有理论上的阐释，又有实践中的总结；既有学科领域的有益探索，又有教学管理方面的经验提炼；既有声情并茂的童年感悟；又有惟妙惟肖的机智幽默；既有古代哲人的至理名言，又有现代大师的谆谆教诲；既有自然科学各个领域的有趣知识；又有社会科学各个方面的启迪与感悟。笔触所及，涵盖了家庭教育、学校教育和社会教育的各个侧面以及教育教学工作的各个环节，全书立意深邃，观念新异，内容翔实，切合实际。

我们深信：广大中小学师生经过不平凡的奋斗历程，必将沐浴着时代的春风，吸吮着改革的甘露，认真地总结过去，正确地审视现在，科学地规划未来，以崭新的姿态向和谐校园文化建设的更高目标迈进。

让和谐校园文化之花灿然怒放！

本书编委会

目 录

第一章 从中国传统文化到中国园林

中国园林的形成

1. 囿——中国园林的起始时期

根据文献记载,早在商周时期,就已经开始了利用自然的山泽、水泉、鸟兽进行初期的造园活动。园林的最初形式为囿。囿是指在圈定的范围内让草木和鸟兽自生自育。囿中还挖池筑台,供帝王和贵族们狩猎和娱乐。公元前 11 世纪,周武王曾建"灵囿"。

2. 苑——中国园林的进一步发展时期

春秋战国时期的园林中有了进一步的风景组合,有土山等,已经开始营构自然山水园林。在园林中造亭筑桥,种植花木,园林的组成要素已经基本具备,不再是简单的囿了。秦汉时期出现了以宫室建筑为主的宫苑。

3. 园——中国园林的转变、成熟与精深时期

魏晋南北朝时期是中国园林发展中的转折点。佛教的传入及老庄哲学的流行,使园林转向崇尚自然。私家园林逐渐增加,自然山水园林形成。

唐宋时期园林达到成熟阶段。唐宋写意山水园林在体现自然美的技巧上取得了很大的成就,如叠石、堆山、理水等,都有了一定的程式。

明清时期,园林艺术进入精深发展阶段,无论是江南的私家园林,还是北方的帝王宫苑,在设计和建筑上,都达到了高峰。现代保存下来的园林大多属于明清时代,这些园林充分表现了中国古代园林的独特风格和高超的造园艺术。

中国园林的演变

我国园林的历史源远流长,从公元前 11 世纪始,至今已经有 3000 多年了。这期间,在政治、经济、文化等诸多方面因素的制约影响之下,我国园林经历了一个漫长的演变过程。

园林的规模由大变小。先秦两汉时期,造园的规模极其宏大,以后逐渐缩小。即使像我们如今所看到的避暑山庄、圆明园这样的大型园林,它们的规模也远不能与汉唐时期的上林苑、西苑、阿房宫相比。

园林的创作方法由单纯模仿自然风景过渡到借助于意境的联想来表现自然风景。

中国园林的特点

有的人问:我国的园林艺术为什么能在世界园林史上独树一帜呢?它一定有着不同于其他园林形式的特点喽!

是的,和世界上其他园林体系相比较,我国的园林具有四大特点,这

就是：本于自然，高于自然；建筑美与自然美的融合；诗画的情趣；含蕴的意境。

1. 本于自然，高于自然

在北京的颐和园里，登临巍峨、庄严的佛香阁，能感受到北方园林的宏大气势；漫步谐趣园，又能领略到江南园林的精巧灵秀。这就是本于自然又高于自然的效果。我国园林充分利用自然的地理地貌，因地制宜，但又不是简单地模仿自然环境，而是根据我国人民的审美习惯、审美感受，有意识地进行加工、改造，从而创造出一个经过精练、概括了的新的自然景象。

2. 建筑美与自然美的融合

哪一座园林，不论是南方的还是北方的，都少不了亭台楼阁、厅室殿堂，而且这些建筑物无论是总体布局还是单体形式都极富变化。可别小看它们的作用，设计师将它们与山石、池水、花木巧妙地组合起来，能创造出各种巧夺天工的景象呢。

我国的园林建筑有厅、堂、楼、阁、亭、廊、轩、榭、舫等，形式之丰富在世界上可谓首屈一指。这些建筑形式与一般宫殿、坛庙、住宅讲究严整、对称、均齐的格局可大不一样，它们自由随意、因山就水、高低错落，既变化多端又自然和谐。那临水而建的榭，可供游人玩水、观鱼、赏荷；那建于水中的舫，模仿舟船，好似把游人带到江南水乡；那些随处可见的亭子，不仅可以观景，还体现了以圆象征天，以方象征地，包罗宇宙万象于方寸之间的哲理；特别是那些在水面上的"水廊"，蜿蜒曲折的"游廊"，随势起伏的"爬山廊"等等各式各样的廊子，宛如一条条彩带把人为的建筑与天成的自然贯穿起来。

3. 诗画的情趣

许多游客去园林游览之后，逢人就喜欢用"诗情画意"这个词组来形容自己所见之景致。人们为什么都喜欢用诗情画意来形容园林的湖光山色呢？那是因为当我们置身于优美的景色之中的时候，确有诗情和画意在心中产生。文学绘画和园林从来都是密不可分的。有人说文学是时间的艺术,绘画是空间的艺术,那么,园林就应该称为时间和空间的综合艺术。我国的园林,比世界上其他园林体系更充分地把握了这个特点,它运用各个艺术门类之间的触类旁通,熔铸诗画艺术于园林之中,使得园林从整体到局部都包含了浓郁的诗情画意。比如,我国诗歌讲究对比和悬念,我国的园林也同样追求一种合乎情理之中又出人意料之外的艺术境界。游览我国园林所得到的感受,仿佛朗读我国古代诗歌一样酣畅淋漓,这是好多中外游客的切身感受。再比如,我国传统绘画那种不求形似而追求神似,将大自然千变万化领会于心,而后于案几之间一挥而就的特点,与园林艺术对大自然作抽象概括从而获得"本于自然,高于自然"的特点也十分相似。

4. 含蕴的意境

我国的诗歌和绘画特别讲究意境,园林艺术也不例外。可以说,意境是我国各类艺术形式共同的美学追求。"意"就是主观的理念、感想,"境"就是客观的生活、景物,两者的有机结合就产生了深远的意境。我国的园林不仅借助于具体的景观——山、水、花木、建筑所构成的各种风景画面来间接传达意境的信息,而且还运用园名、景题、石刻、匾额、对联等文学形式直接表达、深化意境的内涵。所以,我们在游览园林的时候,不仅在感官上得到美的享受,而且还能激发情思和联想,这就是我国园林所蕴含的"寓情于景,见景生情"的意境。

中国园林的形式

园林的形式,可以分为三大类:规则式、自然式和混合式。

1. 规则式园林

又称整形式、建筑式、图案式或几何式园林。西方园林,从埃及、希腊、罗马起到 18 世纪英国风景式园林产生以前,基本上以规则式园林为主,其中以文艺复兴时期意大利台地式园林和 17 世纪法国勒诺特式园林为代表。这一类园林,以建筑和建筑式空间布局作为园林风景表现的主要题材。

北京天安门广场、大连斯大林广场、南京中山陵园林以及北京天坛公园都属于规则式园林。

2. 自然式园林

又称为风景式、不规则式、山水派园林等。我国园林,从有历史记载的周秦时代开始,无论大型的帝皇苑囿和小型的私家园林,多以自然式山水园林为主,古典园林中以北京颐和园、"三海"园林、承德避暑山庄、苏州拙政园、留园为代表。我国自然式山水园林,从唐代开始影响日本的园林,从 18 世纪后半期传入英国,从而引起了欧洲园林对古典形式主义的革新运动。广州越秀公园、流花湖公园、兰圃、西苑等属自然式园林。

3. 混合式园林

园林中,规则式与自然式比例差不多的园林,可称为混合式园林。如广州烈士陵园。在园林规则中,原有地形平坦的可规划成规则式,原

有地形起伏不平,丘陵、水面多的可规划成自然式,树木少的可规划成规则式,大面积园林,以自然式为宜,小面积以规则式较经济。四周环境为规则式宜规划成规则式园林,四周环境为自然式则宜规划成自然式园林。林荫道、建筑广场的街心花园等以规则式为宜。居民区、机关、工厂、体育馆、大型建筑物前的绿地以混合式为宜。广州天河航天奇观就属混合式园林。

最早的中国园林

很早以前,园林并不叫"园",也不叫"苑",而叫"囿"。

囿,意思是把一块较大的地方围起来蓄养禽兽,以供帝王狩猎活动。狩猎原本是原始人类赖以获得生活资料的手段,但是自从进入文明时期以后,农业生产占据了主要地位,狩猎便成为统治阶级的一种娱乐活动了。囿内设有一些简单的建筑物,有树木水池,帝王在打猎间隙可以观赏自然风景。这就是我国园林的基本雏形。

园林与文学同步发展

园林和文学在历史上一直是同步发展,互相影响的。

魏晋南北朝是思想、文化艺术活动十分活跃的时期,园林的功能也逐渐由狩猎变为游赏,出现了一种以文人名士为代表的表现隐逸、追求山林泉石之怡情的艺术倾向,山水诗文独立成长而步入文坛。唐代更是山水文学的高峰时期,已臻于完美的境地。艺术上注重把握山水的典型性格,将山水的个性与作者的个性结合起来表现,从而创造出人与大自然高度契合、情景交融的意境。文人直接参与园林创作,从而把诗文的这种意境引进了园林艺术。比如,中唐杰出的文学家柳宗元在贬官永州期间,十分赞赏永州风景的优美,并且亲自指导、参与了好几处风景区的开发建设,为此而写下了著名的散文《永州八记》。另一位杰出的诗人白居易在杭州时,曾对西湖进行了水利和风景的综合治理,使西湖更增添了风景的魅力。到宋代,诗词的风骨已经在一定程度上含蕴于园林的风格之中了。宋元以后,园林景题(用文字题署景物)的"诗化"和对联的广泛运用,直接把文学艺术和造园艺术结合起来,丰富了园林意境的表现手法,开拓了意境创造的领域,把造园艺术推向了一个更高的境界。正由于园林与文学之间的密切关系,园林也广泛地成为诗文吟咏描写的对象,作者往往借园景而抒发情怀。

> 两个黄鹂鸣翠柳,
>
> 一行白鹭上青天。
>
> 窗含西岭千秋雪,
>
> 门泊东吴万里船。

唐代大诗人杜甫的这首七言绝句,生动地描绘了成都草堂的优美景色,画面开阔,意境深远。唐代诗人王维的《山居秋暝》,宋代诗人苏轼的《饮湖上初晴后雨》等,都是人们常吟的山水诗篇。以园林作为典型环境来烘托典型人物性格的作品则首推曹雪芹的鸿篇巨制——《红楼梦》。

园林带给人类的贡献

园林绿化事业的发展与城市建设息息相关,随着时代的发展,城市人口的剧增,城市规模急剧膨胀,环境日益恶化,生态受到严重威胁。人类的生存和环境紧密地联系在一起,相互制约,相互依赖,保持着相对稳定的状态,人们在环境质量日趋恶化的前提下,必须主动改善和创造良好的环境条件。城市园林绿化,可以净化空气,防治污染,调节小气候,改良土壤,改善生态,美化环境,提高人们的生活质量。

城市园林绿化对于改善城市生态、美化生活环境、增进市民身心健康,具有十分重要的意义,为把城市绿化工作提高到一个新的水平,更好地利用自己的优势,扬长避短,探索出适合中国国情,走有中国特色的园林城市道路,国家建设部自1992年开始在全国开展了创建园林城市活动,并先后四批命名北京、合肥、珠海、大连等12个城市为园林城市。创建园林城市活动的开展,加速了城市园林绿化事业的发展。

园林城市是文明城市一种形象的表现,创建园林城市工作是以城市为载体,搞好城市的绿化美化,提高城市的环境质量和绿化程度。城市的园林绿化应该是历史和文化的象征。

全力创建全国绿化模范城市,是提升城市整体品位、塑造城市良好形象、增强城市综合实力、建设现代宜居城市的重要标志。

城市是人类社会活动的主要空间,是社会政治、经济、文化的中心,在整个社会中占有重要地位。生态环境是就地球而言的,地球上生存着几百万种生物,在漫长的进化过程中,生物之间、生物与环境之间有一个相互联系、相互制约的生态系统,形成了错综复杂的物质循环和能量转换。人和动物在生命活动过程中吸入氧气,呼出二氧化碳,而绿色植物的生命活动,是吸收二氧化碳,放出氧气。这是自然界中最基本的动态平衡。随着城市化进程的加快,环境污染问题日渐突出,深刻地影响到人类社会的各个层面,成为全球关注的焦点,制约着城市的可持续发展,威胁着人类的生存条件。

植物是天然的绿色屏障,具有改善环境、美化环境、监测环境、保健防灾的特殊功能。日趋严峻的城市生态环境问题,使得园林绿地在改善城市生态环境方面的作用日益彰显。创建园林城市的目的,就是要用园林学指导城市建设,合理运用自然因素,特别是生态因素、社会因素来创建景色优美、生态平衡的人类聚居环境。

人类渴望自然,城市呼唤绿色,城市园林绿化建设不仅与人们的生活质量息息相关,而且已成为一个国家综合国力和城市文明程度的重要标志之一。现代城市园林绿化建设应以人为本,追求人与自然的和谐。为实现城市社会经济、文化和生态环境的可持续发展作出贡献。

中西方园林文化的差异与中国园林的继承

纵观历史,中国的园林设计源远流长而且在很大程度上影响着世界,专家从一个浅显的层面,分析了一下现代景观设计继承中国园林的可行性,提出了自己的一些见解。

现代景观设计的前身是园林设计。

在众多形式和风格殊异的园林设计中,中国的园林以善于表现情景交融的自然景色在世界园林中独辟蹊径。早在公元 6 世纪,我国造园艺术就开始传入日本。至今,日本庭院建筑,景点与园名,还常借用古典汉语;我国园林艺术不仅在亚洲影响日本等国家,并且还传播到欧洲。从 17 世纪末期开始,欧洲对中国园林的活泼而自然的处理手法颇感兴趣;到 18 世纪,英国仿东方风景园林达到全盛时期;不久,法国又受到影响,出现了中国式景园。中国的园林设计能如此影响世界,并从 17 世纪直至今日,有增无减。这大概是因为欧美之园林,以刚制柔,以建筑物为中心,园林只当作陪衬,其建筑物仍作为园林之主,石木次之;日本园林以禅为主干,发展至今,渗入宗教哲学色彩甚浓,园用以助静思为主,少为生活之用;独中国园林可思可用,可观可游,既可脱凡俗,又能使游人置身其中而不损园林之神貌。故能远播海外,为世界各国人士所好。

继承"中国园林"并不是生搬硬套。中国传统的园林在古代只是供少数人观赏,为封建帝王、贵族官僚和士大夫们服务的。它所表现的人生哲理和审美情趣与今天新的时代有着很大的距离,它的一些创作思想和手法是具有鲜明的时代性的,并有其适用的范围。时代不同了,就不应该不分条件,到处套用传统园林的做法。比如叠假山,这是传统园林的主要造园手段,是表现山水这一主旨所必需的。它在私家园林面积有限而又封闭的空间中是自然山峦的典型化,虽然实际的尺度和体量都不大,却仍然能体现其高峻与幽深的境界,宛若自然。可是,现在有一些城市,不分场合,堆叠假山成风,不论公园还是空旷的广场都堆,结果是假山的体量很大,仍显不出山峦的气势,像一堆乱石头,花了钱,费了人力,效果并不好。当然,也有处理得好的,那是对传统的假山技术进行改造,以现代化材料代替湖石和黄石等价格昂贵的天然石料,强调整体效果,恰当地处理好与周围环境的关系,如广州流花湖旁的山石景色,尚称自然,是对传统假山的继承与创新。另外,古典造园强调景色入画,往往曲桥无槛、径必羊肠、廊必九回,这些也不能到处搬用。南京金陵饭店的外庭院,以黄石叠成池岸、假山,采用平顶的游廊,与现代化的建筑取得协调,是谓借鉴得好。

第二章 苏州园林甲天下

　　"上有天堂,下有苏杭",这是多少年来人们对苏州、杭州这两块风水宝地最恰当最通俗的比喻了。许多园林专家每每提到苏州,提到苏州园林,便都有一番陶醉,一番自豪。到中国来旅行访问的外国友人,几乎没有不到苏州,不看苏州园林的。意大利杰出的旅行家马可·波罗在中国元朝做官期间,曾到苏州游历访问。他在回国后写了《东方见闻录》一书,将苏州称为"东方威尼斯"。

　　如果能有机会到苏州一游,我们也一定会被那大大小小、形形色色的200余处园林所吸引,生出一番"不出城郭而获山林之怡,身居闹市而有林泉之幽"的情趣。

　　翻开我国园林建筑的历史,我们会发现,苏州园林不论在其年龄、风格上都堪称中国之最。早在春秋、秦汉和三国时代,统治者就利用这里山明水秀的自然条件,兴建苑囿,寻欢作乐。江南最早的私家园林,是东晋顾辟疆所筑的辟疆园。若论其规模和影响之大,则属五代吴越广陵王所建的南园和宋代为宋徽宗主办"花石纲"的朱勔在盘山所造的大花园。元明时代,苏州园林进一步发展,总数多达170多处。

苏州园林素以精致闻名天下,境内有着200余座的大小园林,其中以狮子林、留园、拙政园、沧浪亭最负盛名,是苏州四大园林。拙政园为园林之首,可为苏州古典园林的代表。拙政园的大门并不显眼,和一般的园林差不多,但园内豁然开朗的美景,会让人一时适应不过来,亭台楼阁,山清水秀,处处曲径通幽,垂杨倒柳,移步景换,如诗如画。看得出其造园时是以画为本,以诗为题,创造出具有诗情画意的景观,可称为是"无声的诗,立体的画",置身园中,也是在"品诗赏画"。它是如此迷蒙秀丽,要不是园林内穿梭着衣着现代的游人,真仿佛进入时光隧道,来到明代雅致的古画中。苏州的园林虽小,但在古代造园家匠心独具的巧思下,创造出富有艺术气息且多样的景致,在园中行走,或见"庭院深深深几许",或见"柳暗花明又一村",至于那些形式各异、图案精致的花窗,那些如锦缎般的在脚下延伸不尽的铺石,及许许多多不经意间发现的惊奇,都让人回味无穷。

看苏州园林，一定不要错过了小城内的风光，苏州位于富庶的江南，自然也有水乡风情，所以到处可以看到"小桥、流水、人家"的风貌，这里有常为电影拍摄场景的小桥，站在桥上，放眼四望，矮屋栉比、粉墙黛瓦，脚下流动着潺潺细水，窄巷中偶见孩童嬉戏，许多人家在小水道间还会架上便道，互通来往，十分有趣。参访这个风景怡人的小城，有别于大户人家高贵精致的园林，小城处处平凡却风韵十足。窄小的巷弄尽是唐宋时就已存在的房舍，至今仍旧完整如初，而且还真实地住着一户一户的人家，而地面也是当时铺的石板路，坐着三轮车在古巷内穿梭，一幕幕古代情景浮现脑中，使人不得不陷入古今迷思。

　　周庄镇位于苏州城东南 38 千米，著名古画家吴冠中撰文说"黄山集中国山川之美、周庄集中国水乡之美"，海外报刊则称"周庄为中国第一水乡"。周庄有着近 900 年的历史，有丰富的文化蕴涵。西晋文学家张翰，唐代诗人刘禹锡、陆龟蒙等曾居周庄。周庄也是元末明初江南巨富沈万三的故乡。周庄也曾留下柳亚子、陈去病等人的足迹。

　　来苏州必须要提到太湖。太湖跨江、浙两省，是我国第三大淡水湖泊，总面积达 2400 平方千米，苏州占了三分之二；太湖 72 峰，苏州揽入

58 峰；国务院规划的沿太湖 13 个风景区 69 个景点，苏州有 6 个景区 34 个风景点。正所谓"太湖风光美，一半在姑苏"。太湖风景名胜区素以宏大的层次，丰富秀丽的湖岛山水风光而著称，苏州沿太湖地区尤为得天独厚，漫长而多变的湖岸线，形成丰富的沿湖景观，山林丰茂、花果飘香、文物古迹遍布其间。到苏州游览太湖，四季皆宜，真所谓"春可观花品茗、夏有赏荷食鲈、秋能持蟹吟菊、冬日踏雪探梅"。

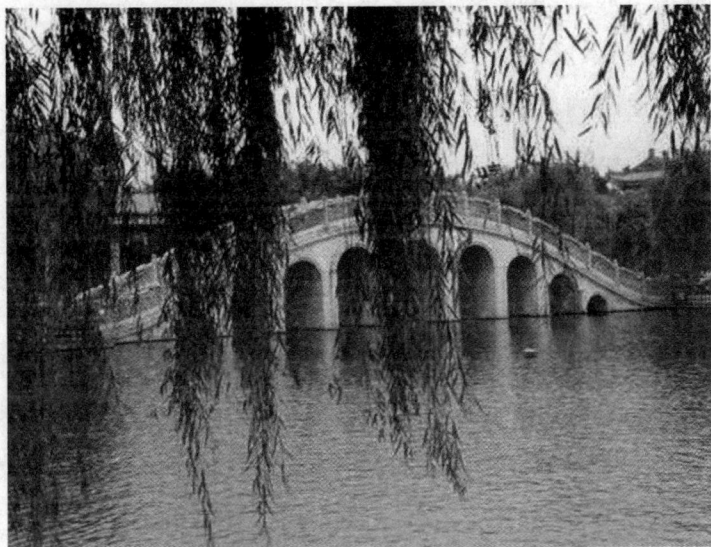

苏州的古老园林——沧浪亭

"沧浪亭"始为五代时吴越国广陵王近戚——中吴军节度使孙承祐的池馆。宋代著名诗人苏舜钦以四万贯钱买下废园，进行修筑，傍水造亭，因感于"沧浪之水清兮，可以濯吾缨；沧浪之水浊兮，可以濯吾足"，题名"沧浪亭"，自号沧浪翁，并作《沧浪亭记》。欧阳修应邀作《沧浪亭》长诗，诗中以"清风明月本无价，可惜只卖四万钱"题咏此事。自此，"沧浪亭"名声大振。苏氏之后，沧浪亭几度荒废，南宋初年（12 世纪初）一度为抗金名将韩世忠的宅第，清康熙三十五年（1696 年）巡抚宋荦重建此园，把傍水亭子移建于山之巅，形成今天沧浪亭的布局基础，并以隶书"沧浪亭"为匾额。清同治十二年(1873 年)再次重建,遂成今天之貌。沧浪亭虽因历代更迭有兴废,已非宋时初貌,但其古木苍老郁森,还一直保持旧时的风采,部分地反映出宋代园林的风格。

踱步沧浪亭,未进园门便见一池绿水绕于园外,临水山石嶙峋,复廊蜿蜒如带。园内以山石为主景,山上古木参天,山下凿有水池,山水之间以一条曲折的复廊相连。沧浪亭外临清池,曲栏回廊,古树苍苍。人称"千古沧浪水一涯,沧浪亭者,水之亭园也"。

沧浪亭主要景区以山林为核心,四周环列建筑,通过复廊上的漏窗渗透作用,沟通园内、外的山水,使水面、池岸、假山、亭榭融成一体。园中山上石径盘旋,藤萝蔓挂,野卉丛生,朴素自然,景色苍润如真山野林。

著名的沧浪亭即隐藏在山顶上,它飞檐凌空。亭的结构古雅,与整个园林的气氛相协调。亭四周环列有数百年树龄的高大乔木五六株。亭上石额"沧浪亭"为俞樾所书。石柱上石刻对联:清风明月本无价;近水远山皆有情。上联选自欧阳修的《沧浪亭》诗中之句,下联出于苏舜钦《过苏州》诗中"绿杨白鹭俱自得,近水远山皆有情"句。全园漏窗共 108式,图案花纹变化多端,无一雷同,构作精巧,环山就有 59 个,在苏州古典水宅园中独树一帜。

园中最大的主体建筑是假山东南部的"明道堂"。明道堂取"观听无邪,则道以明"之意,故以此为堂名。这里是明、清两代文人讲学之所。堂在假山、古木掩映下,屋宇宏敞,庄严肃穆。墙上悬有三块宋碑石刻拓片,分别是天文图、宋舆图和宋平江图(苏州城市图)。堂南,"瑶华境界""印心石层""看山楼"等几处轩亭都各有所长。折而向北,有馆三间,名为"翠玲珑",四周遍植翠竹,取"日光穿竹翠玲珑"意而为名。

竹是沧浪亭自苏舜钦筑园以来的传统植物,亦是沧浪亭的特色之一。现植各类竹 20 余种。"翠玲珑"馆连贯几间大小不一的旁室,使小馆曲折,绿意围绕,前后芭蕉掩映,竹柏交翠,风乍起,万竿摇动,沁人心脾。同"翠玲珑"相邻的是五百名贤祠,祠中三面粉壁上嵌 594 幅与苏州历史

有关的人物平雕石像，为清代名家顾汀舟所刻。五百名贤士只是取其整数而言。每五幅像合刻一石，上面刻传赞四句，从中可知这些古贤的概况，他们是从春秋至清朝约2500年间与苏州历史有关的人物。名贤中的绝大部分是吴人，也有外地来苏为官的名宦。名贤像多数临自古册，也有的来自名贤后裔，具有文献价值。

园中西南有假山石洞，名"印心石屋"。山上有小楼名"看山楼"，登楼可览远近苏州风光。此外还有仰止亭和御碑亭等建筑与之映衬。沧浪亭著名的建筑还有观鱼处等。另有石刻34处，计700多方。

到过沧浪亭的人都知道，在沧浪亭流传着这样一个传说。

乾隆皇帝南巡，路过苏州，住在沧浪亭。有一天，皇帝吃完晚饭，觉得寂寞无聊，便想寻个消遣。他听说苏州的说书很有名气，唱得动听，说得入情，有声有色，非常有趣，于是，传下旨意，要听说书。

苏州城内有个说书的名角儿叫王周士，名气响彻江浙。苏州知府亲自去请王周士，还特别关照他，在皇上面前，多为他美言几句。到了沧浪亭，乾隆皇帝正等得不耐烦，要他马上开书。王周士不动声色，慢吞吞地说："万岁坐在明烛边上，难道不知道四周一片漆黑？小人在黑暗里弹唱、做动作，万岁如何看见？"乾隆听了，虽觉得话里带刺，但也有几分道理。只好面带尴尬，命左右赐王周士明烛一根，好令他快快开书。王周士手捧三弦，站立在那里，仍旧不响。皇上不禁生起气来，问："何故还不开书？"王周士不卑不亢："启禀万岁，小人说书虽是小道，但只能坐下，立着不能说书！"

乾隆没听过苏州说书，不知道有这样的规矩。虎起了面孔，粗声粗气地说道："赐座！"内侍马上去搬座位，心里却犯嘀咕：皇帝面前一等大官，也不敢坐着说话。眼前这个说书的，居然讨到了金凳，心里着实不服气。王周士可不顾这些，大模大样地坐下来，把三弦一拨，"叮叮当当"的声音，既像百鸟朝凤，又像金鼓齐鸣。乾隆听得是眉开眼笑。王周士最拿手的是《白蛇传》，于是就挑了最精彩的一个片段说起来。说到端午节白娘娘怎样误吃雄黄酒，怎样现出了原形吓死许仙，真是讲得绘声绘色，活灵活现。乾隆听得津津有味，点头晃脑，脱口喊出"好"字。王周士字正腔圆，越说精神越足，一直说到白娘娘盗仙草，回到苏州，救活了许仙，方才落回。王周士把三弦一放，讲一声"明日请早"！

这种好书，乾隆哪肯听到这里就罢休。他连连摆手："寡人兴致正浓，岂能扫兴？"内侍上前禀报："皇上，已是五更天了。"乾隆不得已，吩咐内侍，将王周士留宿在沧浪亭。乾隆皇帝听书听得如醉如痴，神魂颠倒，一天也不能断，成了一个地道的书迷。后来，他要回京，这样的好书又舍不下，就命王周士随驾进京，外加赐七品冠戴。王周士到了紫禁城，住在皇宫里，真所谓平步青云。吃得顺口，穿得舒坦，住得宽敞，连走路的地面都是软乎乎、滑溜溜的。

可是，这么惬意的日子，王周士反而过不惯。他觉得关在皇宫里弹唱，就像一只身陷金丝笼的百灵鸟，唱不出新歌，伸不开翅膀。所以，他借口生病，禀明皇上，又回到了苏州。这正应了王周士说过的话："我们唱书，总想把书唱好，该怎样总是怎样呀！"不仅是苏州的说书，沧浪亭更是以自己的特色吸引了乾隆皇帝。沧浪亭以清幽古朴见长，在造园艺术上，不同凡响，别具一格。

沧浪亭诗歌

水围墙 月漏窗

折复廊 曲水流觞

花雕梁 石刻像

明道堂 墨润水乡

水一涯千古沧浪 亭何傍

翠色浓重无处扛 渗透窗 苍莽

老树霜 绿枫杨

观鱼塘 树色天光

诗画舫 莫回望

泪千行 碧波荡漾

水一涯千古沧浪 亭何傍

日光穿林竹竿黄 在水一方

水一涯千古沧浪 亭何傍

人生苦短似又长 伊人发苍

水围墙 月漏窗

折复廊 曲水流觞

诗画舫 莫回望

泪千行 碧波荡漾

竹竿黄 在水一方

似又长 伊人发苍

初晴游沧浪亭

苏舜钦

夜雨连明春水生，

娇云浓暖弄阴晴。

帘虚日薄花竹静，

明有乳鸠相对鸣。

假山王国——狮子林

　　始建于元代的狮子林，以气势磅礴的假山闻名于世。"人道我居城市里，我疑身在万山中。"其假山总面积广达1153平方米，峰峦叠嶂、洞壑幽深、奇峰林立、怪石嶙峋，素有"假山王国"之称。

　　狮子林内的假山，除少量为黄石，几乎全用太湖石堆叠。这些具有"瘦、皱、透、漏"特色的太湖石，大部分为宋代"花石纲"遗物，是太湖石堆叠假山的精品。园内姿态各异的狮石狮峰，竟多达500余座。玉壶《吴船集狮子石语》云："当高宗南巡，翠华临幸。此园以狮林名，乃一一指点全园山石，若者为太狮，若者为少狮，若者为狮吼，若者为蹲与睡，若者为搏球，若者在相斗，殆具五百种形相……"于是狮子林之名愈著。相传，这500座石狮各有其名，隐含着500尊罗汉的身形。

　　狮子林假山，大致分为东南、西部和北部三大部分，园内最大的假山群,坐落于东部并蜿蜒至池中。西部的假山,则以"石包土"为典型特征。北部真趣亭前,也有一座相对独立的小型假山。同时,还有若干堪称经典的湖石小品,而更多的零星湖石,或点缀于厅前堂后,或错落于曲径两侧,或镶嵌于花台水榭,甚至连厅堂的台阶,也选用高低不平的湖石。无处不石,无地不山,蔚为大观。

狮子林假山三面环水,"取势在曲不在直,命意在空不在实"。其中,随季节而变化的水假山,更是经典一绝。每当雨季来临,池水盈溢。一部分假山则由旱变水,浸淫入池。于是,水得石而媚,石赖水以变,池畔的十二生肖石,就会奇迹般地你隐我现,我露他藏,不能得其全而妙不可言,一些湖石被分割为水中的汀步,更使人有一种涉险的野趣。在园西假山群顶部,还有一处"瀑布假山"。湖石巧叠于涧谷,构成高低不平的三层台阶。瀑布飞流直泻,跌落至这一泓碧潭。水声如琴鸣奏,发出激越的曲调。这是苏州古典园林内唯一的人工瀑布。

狮子林的假山，可分成上中下三层。高者立峰突兀于山顶，低者石矶沉浸于水中。9 条曲折盘旋的磴道，或升或降，构成 9 条趣味不同的进山路线。景区内，有八卦阵、棋盘洞等景观，向有"桃源十八景"之说。据统计，园内有 21 个深邃通幽的石洞。亭亭玉立的石笋多达 34 个，大小石梁多达 22 座。而大大小小的立峰，更难以尽数，仅高度在 1.5 米以上的立峰，就多达 32 峰，除雄冠群峰的狮子峰外，吐月、含晖、禅窝等，皆为园内名峰，历代文人多有歌咏。

　　1917 年，江苏元和人贝润生在买下狮子林后，又在庭院内增添了一些湖石小品，其中不乏佳作。在小方厅北院花坛内，有一湖石立峰。峰内或立或伏或跃，隐藏着 9 头不同姿态的狮子，故称"九狮峰"。在立雪堂庭院内，还有"对牛弹琴""狮子静观牛吃蟹"等湖石小品。

对狮子林假山的堆叠，尽管沈复在《浮生六记》中持否定态度，但大多数评价还是以肯定为主。倪云林的《狮林图》，绘出假山之大成。乾隆南巡六游狮子林，共为狮子林题匾3块、留诗10首，并摹倪云林图1幅。他对假山的评价是："假山岁久似真山。"《吴船集狮子石语》云："吴中园林之以石名著，端推狮子林为第一。"晚清著名学者俞樾也持肯定态度："五复五反看不足，九上九下游未全。"

苏州名园之冠——拙政园

拙政园，初为唐代诗人陆龟蒙的住宅，元朝时为大弘（宏）寺。明正德四年（1509年），明代弘治进士、明嘉靖年间御史王献臣仕途失意归隐苏州后将其买下，聘著名画家、吴门画派的代表人物文徵明参与设计蓝图，历时16年建成，借用西晋文人潘岳《闲居赋》中"筑室种树，逍遥自得……灌园鬻（yù）蔬，以供朝夕之膳（馈）……是亦拙者之为政也"之句取园名。暗喻自己把浇园种菜作为自己（拙者）的"政"事。园建成不久，王献臣去世，其子在一夜豪赌中，把整个园子输给徐氏。500多年来，拙政园屡换园主，一分为三，园名各异，或为私园，或为官府所有，或散为民居，直到上个世纪50年代，才完璧合一，恢复初名"拙政园"。

拙政园的布局疏密自然，其特点是以水为主，水面广阔，景色平淡天真、疏朗自然。它以池水为中心，楼阁轩榭建在池的周围，其间有漏窗、回廊相连，园内的山石、古木、绿竹、花卉，构成了一幅幽远宁静的画面，代表了明代园林建筑的风格。拙政园中的湖、池、涧等不同的景区，把风景诗、山水画的意境和自然环境的实境再现于园中，富有诗情画意。淼淼池水以闲适、旷远、雅逸和平静氛围见长，曲岸湾头，来去无尽的流水，蜿蜒曲折而引人入胜；平桥小径为其脉络，长廊逶迤曲折，岛屿山石映其左右，使貌若松散的园林建筑各具神韵。整个园林建筑仿佛浮于水面，加上花木繁盛，在不同境界中产生不同的艺术情趣，如春日赏花，夏日赏蕉，秋日赏红蓼，冬日赏梅和雪，四时宜人，处处有情，面面生诗，含蓄曲折,余味无尽,不愧为江南园林的典型代表。

根据文徵明在《王氏拙政园记》中的描述,一开始建造此园时,就发觉这块地并不太适合盖相当多建筑,地质松软,积水很多,而且湿气很重。因此文徵明以水为主体,辅以植栽,因地制宜设计出了各个景点,并将诗画中的隐喻套进视觉层次中。园中至今仍留有许多文徵明的对联与诗,其中以"梧竹幽居亭"中的"爽借清风明借月,动观流水静观山"最能带出此园的意境。此外,园中所栽种的紫藤相传是文徵明亲手种植。由此可看出文徵明相当喜爱植物,有学者分析,在31个景点中,超过一半的景,都与植物和植物本身的含义有关。

经历一百二十余年后,崇祯四年(1631年),已破落近三十年并已为丘墟的东部园林归侍郎王心一所有,王善画山水,悉心经营,布置丘壑,将其重新修复,并将"拙政"改名为"归园田居",取自陶渊明的诗。

清顺治十年,陈之遴曾购得此园。1662年,拙政园充公。康熙年初,曾为驻防将军府、兵备道行馆。其后还为陈之遴之子所有,再卖给吴三桂婿王永宁,王曾大兴土木,园状大为改变。

康熙十八年,为苏松常道署。乾隆三年(1738年),蒋棨接手此园,并将园中规模略作更改,东边的庭院切分为中、西两部分。咸丰十年(1860

年），太平天国运动时期，忠王李秀成曾以此园当作苏州的重要基地，改之为忠王府。光绪三年（1877 年），富贾张履谦接手此园，改名为"补园"。张履谦装修了相当多的细致部分，因此奠定了拙政园今日之基础。

1951 年 11 月，拙政园划归苏南区文物管理委员会管理，文管部门立即修缮，请专家名匠规划整治，按原样修复，1952 年 11 月 6 日，整修后的拙政园中部和西部正式开放，成为普通百姓休闲游玩的去处。

1961 年拙政园被国务院列为首批全国重点文物保护单位。1991 年被国家计委、旅游局、建设部列为国家级特殊游览参观点。1997 年被联合国教科文组织列为世界文化遗产。2000 年被国家旅游局、建设部授予全国首批 AAAA 级旅游景点称号。

从 1996 年始，拙政园每年春夏之季还会举办各种活动。2009 年 7 月 8 日，拙政园迎来 500 周年华诞。

拙政园全园占地 52000 平方米，分为东、中、西和住宅 4 个部分。住宅是典型的苏州居民。

1. 东园

面积约 20667 平方米，大致以明朝王心一所设计的"归园田居"为主，该园可分为四个景区，据记载，有放眼亭、夹耳岗、啸月台、紫藤坞、杏花洞、竹香廊等诸胜。中为涵青池，池北为主要建筑兰雪堂，周围以桂、梅、竹屏之。池南及池左，有缀云峰、联壁峰，峰下有洞，曰"小桃源"。步游入洞，如渔郎入桃源，桑麻鸡犬，别成世界。兰雪堂之西，梧桐参差，茂林修竹，溪涧环绕，为流觞曲水之意。北部系紫罗山、漾荡池。东部为荷花池，中有林香楼。

但现有的景物大多为新建，重要的景点有秫香馆、松林草坪、芙蓉榭、天泉亭等，拙政园的纪念品店也设在此处。园的入口设在南端，经门廊、前院，过兰雪堂，即进入园内。东侧为面积广阔的草坪，草坪西面堆土山，上有木构亭，四周萦绕流水，岸柳低垂，间以石矶、立峰，临水建有水榭、曲桥。西北密植黑松，枫杨成林，林西为秫香馆（茶室）。再西有一道依墙而建的复廊，上有漏窗透景，又以洞门数处与中区相通。

2. 西园

西园面积约为 8333 平方米，现有布局形成于张履谦接手时期。该园以池水为中心，有曲折水面和中区大池相接。有塔影亭、留听阁、浮翠阁、笠亭、与谁同坐轩、宜两亭等景观。又新建三十六鸳鸯馆和十八曼陀罗花馆，装修精致奢丽。其中，建筑以南侧的鸳鸯厅为最大，厅内以隔扇和挂落将厅划分为南北两部分，南部称"十八曼陀罗花馆"，北部名"三十六鸳鸯馆",夏日用以观看北池中的荷花、水禽,冬季则可欣赏南院的假山、茶花。池北有扇面亭"与谁同坐轩",造型小巧玲珑。东北为倒影楼,同东南隅的宜两亭互为对景。

3. 中园

中部部分为全园精华之所在,虽历经变迁,与早期拙政园有较大变化和差异,但园林以水为主,池中堆山,环池布置堂、榭、亭、轩,基本上延续了明代的格局。从咸丰年间《拙政园图》、同治年间《拙政园图》和光绪年间《八旗奉直会馆图》中可以看到山水之南的海棠春坞、听雨轩、玲戏馆、枇杷园和小飞虹、小沧浪、听松风处、香洲、玉兰堂等庭院景观与现状诸景毫无二致。因而拙政园中部风貌的形成,应在晚清咸丰至光绪年间。中区现有面积约为 12333 平方米,水面有分有聚,临水建有形体各不相同,位置参差错落的楼台亭榭多处。主厅远香堂为原园主宴饮宾客之所,四面长窗通透,可环览园中景色;厅北有临池平台,隔水可欣赏岛山和远处亭榭;南侧为小潭、曲桥和黄石假山;西循曲廊,接小沧浪廊桥和水院;东经圆洞门入枇杷园,园中以轩廊小院数区自成天地,外绕波形云墙和复廊,内植枇杷、海棠、芭蕉、竹等花木,建筑处理和庭院布置都很雅致精巧。远香堂既是中园的主体建筑,又是拙政园的主建筑,园林中各种各样的景观都是围绕这个建筑而展开的。远香堂是一座四面厅,建于原"若墅堂"的旧址上,为清乾隆时所建。它面水而筑,面阔三间,结构精巧,周围都是落地玻璃窗,可以从里面看到周围的景色,堂里面的陈设非常精雅,堂的正中间有一块匾额,上面写着"远香堂"三字,是明代文徵明所写。堂的南面有小池和假山,还有一片竹林。堂的北面是宽阔的平台,平台连接着荷花池。每逢夏天来临的时候,池塘里荷花盛开,当微风吹拂,就有阵阵清香飘来。堂的北面也是拙政园的主景所在,池中有东西两座假山,西山上有雪香云蔚亭,亭子正对远香堂的两根柱子上挂有文徵明手书"蝉噪林愈静,鸟鸣山更幽"的对联,亭的中央是元代倪云林(倪瓒,字元镇,号云林子,元末无锡人,工诗,善山水,为元代四大画家之一)所书"山花野鸟之间"的题额。东山上有待霜亭。两座山之间以溪桥相连接。山上到处都是花草树木,岸边则有众多的灌木,使得这里到处是一片生机。远香堂的东面,有一座小山,小山上有"绿绮亭",这里还有"枇杷园""玲珑馆""嘉实亭""听雨轩""梧竹幽居"等众多景点。从梧竹幽居向西远望,还能看到耸立云霄之中的北寺塔。水池的中央还建有荷风四面亭,亭的西面有一座曲桥通向柳荫路曲。在这里转向北方可以看

到见山楼。亭子的南部有一座小桥连接着倚玉轩,从这里向西走就到了小飞虹,这是苏州园林中唯一的廊桥。桥的南面有小沧浪水阁,桥的北面是香洲。

4. 造园艺术简介

拙政园的不同历史阶段,园林布局有着一定区别,特别是早期拙政园与今日现状并不完全一样。正是这种差异,逐步形成了拙政园独具个性的特点,主要有:

以水见长

据《王氏拙政园记》和《归园田居记》记载,园地"居多隙地,有积水亘其中,稍加浚治,环以林木""地可池则池之,取土于池,积而成高,可山则山之。池之上,山之间可屋则屋之"。充分反映出拙政园利用园地多积水的优势,疏浚为池;望若湖泊,形成独有的个性和特色。拙政园中部现有水面,约占园林面积的三分之一,"凡诸亭槛台榭,皆因水为面势",用大面积水面造成园林空间的开阔,基本上保持了明代"池广林茂"的特点。

自然典雅

早期拙政园,林木葱郁,水色迷茫,景色自然。园林中的建筑十分稀疏,仅"堂一、楼一、为亭六"而已,建筑数量很少,大大低于今日园林中的建筑密度。竹篱、茅亭、草堂与自然山水融为一体,简朴素雅,一派自然风光。池中有两座岛屿,山顶池畔仅点缀几座亭榭小筑,景区显得疏朗、雅致、天然。这种布局虽然在明代尚未形成,但它具有明代拙政园的风范。

庭院错落

拙政园的园林建筑,早期多为单体,到晚清时期发生了很大变化。首先表现在厅堂亭榭、游廊画舫等园林建筑明显地增加。中部的建筑密度达到了 16.3%。其次是建筑趋向群体组合,庭院空间变幻曲折。如小沧浪,从文徵明《拙政园图》中可以看出,仅为水边小亭一座。而后期,这里成为一组水院。由小飞虹、得真亭、志清意远、小沧浪、听松风处等轩亭廊桥依水围合而成,独具特色。水庭之东还有一组庭园,即枇杷园,由海棠春坞、听雨轩、嘉实亭三组院落组合而成,主要建筑为玲珑馆。在园林山水和住宅之间,穿插了这两组庭院,较好地解决了住宅与园林之间的过渡。同时,对山水景观而言,由于这些大小不等的院落空间的对比衬托,主体空间显得更加疏朗、开阔。

这种园中园式的庭院空间的出现和变化,究其原因除了使用方面的理由外,恐怕与园林面积缩小有关。光绪年间的拙政园,仅剩下了1.2万平方米园地。与苏州其他园林一样,占地较小,因而造园活动首要解决的课题是在不大的空间范围内,能够营造出自然山水的无限风光。这种园中园、多空间的庭院组合以及空间的分割渗透、对比衬托,空间的隐显结合、虚实相间,空间的蜿蜒曲折、藏露掩映,空间的欲放先收、欲扬先抑等等手法,其目的是要突破空间的局限,收到小中见大的效果,从而取得丰富的园林景观。这种处理手法,在苏州园林中带有普遍意义,也是苏州园林共同的特征。

花木为胜

拙政园向以"林木绝胜"著称。数百年来一脉相承,沿袭不衰。早期王氏拙政园三十一景中，三分之二景观取自植物题材，如桃花片，"夹岸植桃，花时望若红霞"。归田园居也是丛桂参差，垂柳拂地，"林木茂密，石藓然"。每至春日，山茶如火，玉兰如雪。杏花盛开，"遮映落霞迷涧壑"。夏日之荷，亭亭玉立。秋日之木芙蓉，如锦帐重叠。冬日老梅独傲冰霜。有泛红轩、至梅亭、竹香廊、竹邮、紫藤坞、夺花漳涧等景观。至今，拙政园仍然保持了以植物景观取胜的传统，以荷花、山茶、杜鹃为著名的三大特色花卉著名。仅中部23处景观，百分之八十是以植物为主景的景观。如远香堂、荷风四面亭的荷（"香远益清"，"荷风来四面"）；倚玉轩、玲珑馆的竹（"倚楹碧玉万竿长"，"月光穿竹翠玲珑"）；待霜亭的橘（"洞庭须待满林霜"）；听雨轩的竹、荷、芭蕉（"听雨入秋竹"，"蕉叶半黄荷叶碧，两家秋雨一家声"）；玉兰堂的玉兰（"此生当如玉兰洁"）；雪香云蔚亭的梅（"遥知不是雪，为有暗香来"）；听松风处的松（"风入寒松声自古"），以及海棠春坞的海棠，柳荫路曲的柳，枇杷园、嘉实亭的枇杷，得真亭的松、竹、柏等等。

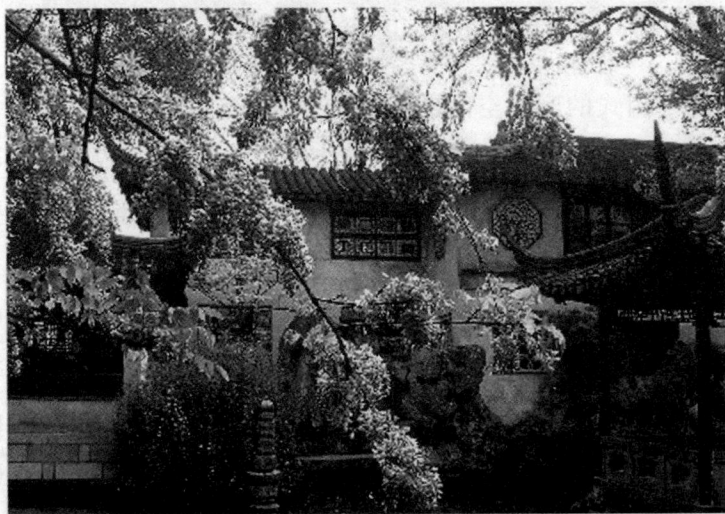

5. 主要景点

兰雪堂：取李白"独立天地间，清风洒兰雪"诗意而名，堂中南面置漆雕"拙政园全景图",北侧是"翠竹图"。

涵青亭:居于一隅,空间范围比较逼仄。整座亭子犹如一只展翅欲飞的凤凰,给本来平直、单调的墙体增添了飞舞的动态美。

秫香馆:为东部的主体建筑,面水隔山,室内宽敞明亮,长窗裙板上的黄杨木雕,共有 48 幅,雕镂精细,层次丰富,栩栩如生。落地长窗加上精致的裙板木雕,把秫香馆装点得古朴雅致,别有情趣。

天泉亭:是一座重檐八角亭,出檐高挑,外部形成回廊,庄重质朴,围柱间有坐槛。亭子之所以取"天泉"这个名字,是因为亭内有口古井,相传为元代大宏寺遗物。此井终年不涸,水质甘甜,因而被称为"天泉"。

芙蓉榭:一半建在岸上,一半伸向水面,灵空架于水波上,伫立水边,秀美倩巧。

缀云峰:兰雪堂北,山峰高耸在绿树竹荫中,山西北双峰并立,取名"联璧"。缀云峰的形态自下而上逐渐壮大,其巅尤伟,如云状,岿然独立。

玉兰堂:是一处独立封闭的幽静庭院,玉兰堂高大宽敞,院落小巧精致。南墙高耸,好似画纸,墙上藤草作画,墙下筑有花坛,植天竺和竹丛,配湖石数峰,还种植了玉兰和桂花,色、香宜人。

香洲:为"舫"式结构,有两层楼舱,通体高雅而洒脱,其身姿倒映水中,更显得纤丽而雅洁。香洲寄托了文人的理想与情操。

荷风四面亭:亭名因荷而得,坐落在园中部池中小岛,四面皆水,莲花亭亭净植,岸边柳枝婆娑。亭单檐六角,四面通透,亭中有抱柱联:"四壁荷花三面柳,半潭秋水一房山。"

见山楼:此楼三面环水,两侧傍山,底层被称作"藕香榭",沿水的外廊设吴王靠,小憩时凭靠可近观游鱼,中赏荷花,远则园内诸景如画一般地在眼前缓缓展开。上层为见山楼,陶渊明有名句曰:"采菊东篱下,悠然见南山。"

松风水阁:松、竹、梅在中国传统文化中被称作"岁寒三友"。松树经

寒不凋，四季常青，古人将之喻为有高尚的道德情操者。松之苍劲古拙的姿态常被画入图中，是中国园林的主要树种之一。松风水阁又名"听松风处"，是看松听涛之处。

小飞虹：是苏州园林中极为少见的廊桥。朱红色桥栏倒映水中，水波粼粼，宛若飞虹，故以为名。古人以虹喻桥，用意绝妙。它不仅是连接水面和陆地的通道，而且构成了以桥为中心的独特景观，是拙政园的经典景观。

远香堂：远香堂为四面厅，是拙政园中部的主体建筑，建于原若墅堂的旧址上，为清乾隆时所建，青石屋基是当时的原物。堂北平台宽敞，池水开阔清澈。堂名因荷而得。夏日池中荷叶田田，荷风扑面，清香远送，是赏荷的佳处。

海棠春坞：玲珑馆东侧花墙分隔的独立小院是海棠春坞。院内海棠两株。庭院铺地用青红白三色鹅卵石，鹅卵石镶嵌于地而成海棠花纹。与海棠花相呼应。

听雨轩：在嘉实亭之东，与周围建筑用曲廊相接。轩前一泓清水，植有荷花；池边有芭蕉、翠竹，轩后也种植一丛芭蕉，前后相映。雨点落在不同的植物上，加上听雨人的心态各异，就能听到各具情趣的雨声，境界绝妙。

雪香云蔚亭：雪香，指梅花。云蔚，指花木繁盛。此亭适宜早春赏梅，亭旁植梅，暗香浮动。又称冬亭。

梧竹幽居：建筑风格独特，构思巧妙别致的梧竹幽居是一座亭，为中部池东的观赏主景。此亭背靠长廊，面对广池，旁有梧桐遮阴、翠竹生情。亭的绝妙之处还在于四周白墙开了四个圆形洞门，洞环洞，洞套洞，在不同的角度可看到重叠交错的分圈、套圈、连圈的奇特景观。"梧竹幽居"匾额为文徵明题。

留听阁：为单层阁，体型轻巧，四周开窗，阁前置平台，是赏秋荷听雨的绝佳处。阁内最值得一看的是清代银杏木立体雕刻的松、竹、梅、鹊飞罩，刀法娴熟，技艺高超，构思巧妙，将"岁寒三友"和"喜鹊登梅"两种图案糅合在一起，是园林飞罩中不可多得的精品。

塔影亭：在留听阁，回头望塔影亭，顿觉美妙之至。八角亭映入水中，宛如宝塔，端庄怡然，不失为西部花园中一个别致的景观。

浮翠阁：为八角形双层建筑，高大气派，煞是引人注目。山上林木茂密，绿草如茵，建筑好像浮动于一片翠绿浓荫之上，因而得名"浮翠阁"。

笠亭：在扇亭后的土山上还有一小亭，称"笠亭"。"笠"即箬帽，亭是浑圆形,顶部坡度较平缓,恰如一顶箬帽,掩映于枝繁叶茂的树木中。

与谁同坐轩:小亭非常别致,为折扇状。苏东坡有词"与谁同坐?明月、清风、我",故名"与谁同坐轩"。轩依水而建,平面形状为扇形,屋面、轩门、窗洞、石桌、石凳及轩顶、灯罩、墙上匾额、半栏均成扇面状,故又称"扇亭"。

倒影楼(夜景):倒影楼以观赏水中倒影为主。楼分两层,楼下是"拜文揖沈之斋",文是指文徵明,沈是指沈周,这两位均是苏州著名的画家,沈周还是文徵明的老师。当年,西园园主张履谦为表达自己的景仰之情,于光绪二十年(1894年)特建此楼以资纪念。倒影如画,景色绝佳。

波形廊:在西花园与中花园交界处的一道水廊,是别处少见的佳构。从平面上看,水廊呈"L"形环池布局,分成两段,临水而筑,南段从别有洞天入口,到三十六鸳鸯馆止;北段止于倒影楼,悬空于水上。

宜两亭:在别有洞天靠左,叠有假山一座。沿假山上石径,有一座六角形的亭子位于山顶,这就是"宜两亭"。

盆景园:拙政园西部一片清影摇曳的竹篱墙内,集萃着苏派盆景的精品,它被称为"名园瑰宝",拥有50余个品种,近万盆盆景。

雅石斋:位于中部,一个池水、游廊萦绕的幽静的小院,里面陈列着室内清供佳品"奇石",千姿百态的多种奇石配以红木座架供奉于案桌、条几,越显钟灵毓秀。近年来,拙政园还推出了具有传统文化特色的旅游活动——杜鹃花节、荷花节,受到了广大中外游人的喜爱和称赞。如今这两个花节已成为苏州古城每年春天一道亮丽的风景线,成为苏州园林每年的一个特色旅游项目。

清代园林的代表作——留园

留园位于苏州阊门外,原是明嘉靖年间太仆寺卿徐泰时的东园。园内假山为叠石名家周秉忠(时臣)所作。清嘉庆年间,刘恕以故园改筑,名寒碧山庄,又称刘园。同治年间盛旭人〔其儿子即盛宣怀,清著名实业家、政治家,北洋大学(天津大学)和南洋公学(上海交通大学)的创始人〕购得,重加扩建,修葺一新,取留与刘的谐音,始称留园。科举考试的最后一个状元俞樾作《留园游记》,称其为吴下名园之冠。留园内建筑的数量在苏州诸园中居冠,厅堂、走廊、粉墙、洞门等建筑与假山、水池、花木等组合成数十个大小不等的庭园小品。其在空间上的突出处理,充分体现了古代造园家的高超技艺、卓越智慧和江南园林建筑的艺术风格和特色。

留园全园分为四个部分,在一个园林中能领略到山水、田园、山林、庭园四种不同景色:中部以水景见长,是全园的精华所在;东部以曲院回廊的建筑取胜,园的东部有著名的佳晴喜雨快雪之亭、林泉耆硕之馆、还我读书处、冠云台、冠云楼等十数处斋、轩,院内池后立有三座石峰,居中者为名石冠云峰,两旁为瑞云、岫云两峰;北部具农村风光,并新辟盆景园;西区则是全园最高处,有野趣,以假山为奇,土石相间,堆砌自然。池南涵碧山房与明瑟楼为留园的主要观景建筑。池西假山上的闻木樨香轩,则为俯视全园景色最佳处,并有长廊与各处相通。建筑物将园划分为几部分,各建筑物设有多种门窗,每扇窗户各不相同,可沟通各部景色,使人在室内观看室外景物时,能将以山水花木构成的各种画面一览无余,视野空间大为拓宽。留园内的建筑景观还有表现淡泊处世的"小桃源(小蓬莱)"以及远翠阁、曲溪楼、清风池馆等。

明徐泰时创建时,林园平淡疏朗,简洁而富有山林之趣。至清代刘氏时,建筑虽增多,仍不失深邃曲折幽静之趣,布局和现在大体相似,部分地方还保留了明代园林的气息。到盛氏时,一经修建,显得富丽堂皇,昔时园中深邃的气氛则消失殆尽。全园曲廊贯穿,依势曲折,通幽渡壑,长达六七百米，廊壁嵌有历代著名书法石刻三百多方，其中有名的是董刻二王帖，为明代嘉靖年间吴江松陵人董汉策所刻，历时25年，至万历十三年方始刻成。

留园集住宅、祠堂、家庵、园林于一身，综合了江南造园艺术，并以建筑结构见长，善于运用大小、曲直、明暗、高低、收放等，吸取四周景色，形成一组组层次丰富，错落相连的，有节奏、有色彩、有对比的空间体系。

园内亭馆楼榭高低参差，曲廊蜿蜒相续有700米之多，颇有步移景换之妙。建筑物约占园总面积的四分之一。建筑结构式样代表清代风格，在不大的范围内造就了众多而各有特色的建筑，处处显示了咫尺山林、小中见大的造园艺术手法。

留园以其独创一格、收放自然的精湛建筑艺术而享有盛名。层层相属的建筑群组，变化无穷的建筑空间，藏露互引，疏密有致，虚实相间，令人叹为观止。园内有蜿蜒的长廊670余米，漏窗200余孔。一进大门，留园的建筑艺术处理就不同凡响：狭窄的入口内，两道高墙之间是长达50余米的曲折走道，造园家充分运用了空间的大小、方向、明暗的变化，将这条单调的通道处理得意趣无穷。过道尽头是迷离掩映的漏窗、洞门，中部景区的湖光山色若隐若现。绕过门窗，眼前的景色才一览无余，达到了欲扬先抑的艺术效果。留园内的通道，通过环环相扣的空间造成层层加深的气氛，游人看到的是回廊复折、小院深深，是接连不断错落变化的建筑组合。园内精美宏丽的厅堂，则与安静闲适的书斋、丰富多样的庭院、幽僻小巧的天井、迤逦相属的风亭月榭巧妙地组成有韵律的整体，使园内每个部分、每个角落无不受到建筑美的光辉辐射。

留园建筑艺术的另一重要特点，是它内外空间关系格外密切，并根据不同意境采取多种结合手法。建筑面对山池时，欲得湖山真意，则取消面湖的整片墙面；建筑面对着不同的露天空间时，就以室内窗框为画框，室外空间作为立体画幅引入室内。室内外空间的关系既可以建筑围成庭院，也可以庭园包围建筑；既可用小小天井取得装饰效果，也可室内外空间融为一体。千姿百态、赏心悦目的园林景观，呈现出诗情画意的无穷境界。

留园内的冠云峰乃太湖石中绝品，齐集太湖石"瘦、皱、漏、透"四奇于一身，相传这块奇石还是宋末年"花石纲"中的遗物。北宋末年，虽然北面战事吃紧，金兵压境，但宋徽宗却在东京城内大兴土木，建造"延福宫""万寿山"。他下令在全国范围内征集奇花异石，夸口要搜罗天下珍品于宫廷之中。崇宁四年徽宗特地在苏州设立了苏杭应奉局，专门负责搜罗名花奇石。苏杭应奉局的主管叫朱勔，此人最善巴结皇帝，自当上了此官后，有采办"花石纲"的大权在手，于是放开手脚，拼命在民间搜刮。只要民家有一石一木被他打听到并看中，立刻派兵上门抢夺，谁敢反抗，即以对皇帝"大不恭"治罪。有时为了搬树移石，甚至拆掉民居的围墙和房子，当时朱勔从民间搜到的花石太多，以致终于激起了方腊农民起义，当时方腊起义军的一个口号就是"杀朱勔"。与方腊起义军相呼应，苏州地区也爆发了以石生为首的农民起义。不久，北宋政权由于国库空虚、民不聊生终于为金所灭，徽宗自己也做了俘虏。冠云峰就是未来得及运的"花石纲"的遗物。

其他景点如济仙亭、明瑟楼、可亭等等，无不让人大饱眼福，流连忘返，给人以无尽的遐想。

苏州园林的典型——网师园

网师园，是苏州典型的府宅园林。它地处苏州旧城东南隅葑门内阔家头巷，后门可达十全街，地方志记载位于带城桥阔家头巷11号。现为市内友谊路南侧。全园布局紧凑，建筑精巧，空间尺度比例协调，以精致的造园布局，深蕴的文化内涵，典雅的园林气息，当之无愧地成为江南中小古典园林的代表作品。1963年网师园被列为苏州市文物保护单位，1982年被国务院列为全国重点文物保护单位。1997年12月4日被联合国教科文组织列入《世界文化遗产名录》。

网师园现面积约为6667平方米（包括原住宅），其中园林部分占地约5333平方米。内花园占地3333平方米，其中水池447平方米。总面积还不及拙政园的六分之一，但小中见大，布局严谨，主次分明又富于变化,园内有园,景外有景,精巧幽深。建筑虽多却不见拥塞,山池虽小,却不觉局促。全园清新有韵味,因此被认为是中国江南中小型古典园林的代表作。陈从周将网师园誉为"苏州园林小园极则,在全国园林中亦属上选,是以少胜多的典范"。清代著名学者钱大昕评价网师园"地只数亩,而有迂回不尽之致;居虽近廛,而有云水相忘之乐。柳子厚所谓'奥如旷如'者,殆兼得之矣"。

网师园不同部分,境界各异。东部为住宅,中部为主园。网师园按石质不同将石分区使用,主园池区用黄石,其他庭用湖石,不相混杂。突出以水为中心,环池亭阁山水错落映衬,疏朗雅适,廊庑回环,移步换景,诗意天成。古树花卉也以古、奇、雅、色、香见长,并与建筑、山池相映成趣,构成主园的闭合式水院。池水清澈,东、南、北方向的射鸭廊、濯缨水阁、月到风来亭及看松读画轩、竹外一枝轩,集中了春、夏、秋、冬四季景物及朝、午、夕、晚一日中的景色变化。所以游园时,宜坐、宜留,以静观为主。绕池一周,可细数游鱼,可亭中待月迎风。花影移墙,峰峦当窗,宛如天然图画,所以并不觉其园小。夜游网师园除了能品味园林夜景,还能欣赏到评弹、昆曲等节目。

西部为内园（凤园），占地约 667 平方米。北侧小轩三间，名"殿春簃（yí，楼阁旁边的小屋，多用作书斋的名称）"。旧时以盛植芍药闻名。"殿春簃"旧为书斋，为明代古朴爽洁之建筑。轩北略置湖石，配以梅、竹、芭蕉成竹石小景。由红林镶边的长方形窗框做成的框景，满目青竹，苍翠挺拔，周围的蜡梅、红色天竹子和奇峰迭起的假山石，仿佛是雅致的国画小品，人在室内，似在室外，富有诗情画意。轩西侧套室原为著名画家张大千及其兄弟张善子的画室——"大风堂"。庭院有假山，东墙峰洞假山围成弧形花台，松枫参差。南面曲折蜿蜒的花台，穿插峰石，借白粉墙的衬托而富情趣，与"殿春簃"互成对景。花台西南为天然泉水"涵碧泉"。洞内幽深，寒气逼人，与主园大池水脉贯通，此一眼泉水如蛟龙吐出，使无水的"殿春簃"不偏离网师园以水为中心的主题，北半亭"冷泉亭"因"涵碧泉"而得名。亭中置巨大的灵璧石，形似展翅欲飞的苍鹰，黝黑光润，是灵璧石中的珍品。在亭中"坐石可品茗，凭栏可观花"，令人赏心悦目。

1980 年美国纽约大都会艺术博物馆因仿"殿春簃"建了一座古典庭院"明轩"而名播海外。

1. 网师园的历史

网师园的造园历史可追溯至 800 年前，南宋绍兴年间，侍郎史正志因反对张浚北伐而被劾罢官，南宋淳熙初年（1174～1189 年）退居姑苏时筑园，因府中列书 42 厨，藏书万卷，故名"万卷堂"，对门造花圃，名为"渔隐"，植牡丹五百株。明《姑苏志》、隆庆《长洲县志》引《施氏丛钞》云："正志，扬州人，造带城桥宅及花圃费一百五十万缗（古代计量单位：钱十缗，即十串铜钱，一般每串一千文）。仅一传，圃先废。"宅售予常州丁姓，仅得一万五千缗。

清乾隆时（1765 年前后），曾官至光禄寺少卿的长洲宋宗元在万卷堂故址重治别业，准备在此养老（一说为奉母养亲之所），初名"网师小筑"，后名"网师园"，内有 12 景，沈德潜作《网师园图记》。

宋宗元死后，园大半倾圮，至乾隆末年（1795年）太仓富商瞿远村（一说瞿远春）购得，瞿增建亭宇，叠石种树，半易网师旧观，新增梅花铁石山房、小山丛桂轩、月到风来亭、竹外一枝轩、云冈诸胜。由于瞿远村的巧妙构思，使网师园别具风韵。园仍用旧名，人又称瞿园、蘧园，园布局即奠定于此时，至今尚总体保持着瞿氏当年造园的结构与风格。乾隆六十年（1795年），钱大昕作记。当时园中盛植牡丹、芍药，嘉庆时范来宗有"看花车马声如沸"之句。但瞿氏有园不过30年，即转归天都吴氏。

同治初年（1862年）为江苏按察使李鸿裔（四川中江人）所有，七年（1868年），李辞官徙居园中，因在苏舜钦始建的宋代名园沧浪亭之东，李氏自称苏邻，园名为苏东邻或苏邻小筑。李能诗画，积书数万卷，兼藏金石碑版、书法名画。

光绪三十三年（1907年），园归退居苏州的清光绪朝将军达桂（长白人），再加修葺，乃复旧观。民国元年（1912年），已有冯姓居此。1917年，军阀张作霖以30万两银子从达桂手中购得此园，作为礼物赠予其师——前清奉天将军张锡銮的庆寿大礼，易名"逸园"。张为钱塘人，晚清任奉天将军时招抚张作霖，且能诗，但未至此园。时有萝月亭、荷花池、殿春簃诸胜，尤以十二生肖叠石形象为别处罕见。

1932年，淞沪抗战，暨南大学附中部迁苏，部主任曹聚仁居此园。同年，张善子、张大千兄弟借寓于此，与叶恭绰同住一园近4年。善子养幼虎一只，常以虎姿入画。园景幽雅娴静，但闻翠竹摇动，流莺酬答。抗日战争爆发前，张氏兄弟先后离去，园主家境中落，乃赁与他人。

1940年，文物收藏家何亚农（日本陆军士官学校毕业，收藏文物书画甚富）购得此园，费时3年，对此园进行全面整修，延续旧规，并充实古玩书画。复用"网师园"旧名。何氏一家另在南园有住宅，此园平时闭门不纳游人。1946年，何病故，园由其妻王季珊继承。1950年王暴卒，其子女何怡贞、何泽明等将园献交国家。

1957年左右曾驻军。1958年部队撤离，苏州医学院附属医院占用大部,曾拟毁园办厂。同年,国家文物局、同济大学陈从周与市园林管理处同来调查,力主修复。4月,归园林管理处接管,迁出医院与8户居民,拨款4万元抢修。10月动工重修月到风来亭,新建梯云室及该处庭院,以墙分隔西部内院,增辟涵碧泉、冷泉亭等,精心配置家具陈设。东邻圆通寺法乳堂也归该园使用。

1974年开放游览。1981年将法乳堂及庭院扩建为"云窟"。1983年受中国建筑学会委托,园林局精心制作网师园宅园模型在巴黎蓬皮杜文化艺术中心展出。

2. 网师园的结构

网师园分为宅第和园林两部分,是一座典型的江南住宅园林。作为古代苏州世家宅园相连布局的典型,网师园东宅西园,有序结合。以池水为中心,由东部住宅区、南部宴乐区、中部环池区、西部内园殿春簃和北部书房区等五部分组成。全园布局外形整齐均衡,内部又因景划区,境界各异。园中部山水景物区,突出以水为中心的主题。水面聚而不分,池西北石板曲桥,低矮贴水,东南引静桥微微拱露。环池一周叠筑黄石假山高下参差,曲折多变,使池面有水广波延和源头不尽之意。园内建筑以造型秀丽,精致小巧见长,尤其是池周的亭阁,有小、低、透的特点,内部家具装饰也精美别致。

其中中部为主园,名曰"网师小筑",全园以水池彩霞池为中心,面积约333平方米。池岸西北、东南两隅,各有水湾一处,曲折深奥,有渊源不尽之感。沿池布置石矶、假山、花木和亭榭,黄石假山"云冈"体量不大,但位置和造型得体。由于池岸低矮,临池建筑接近水面,所置山石、花木也不高大,使水面显得开阔。这里池水清澈,游鱼戏水,花木争妍。环池廊、轩、亭翼然,夹岸有叠石、曲桥,疏密有致,相得益彰。

池南主厅小山丛桂轩位于峰石木樨间,有左通住宅的轿厅,右达西侧的亭榭。西南侧的濯缨水阁和东北岸的竹外一枝轩隔水相望,东侧的射鸭廊和西侧的月到风来亭遥遥相对。这些建筑形体各殊,装修精丽,

其倒影又与天光浮云交映于碧波之中,增添了园中秀丽景色。再北为集虚斋、五峰书屋和殿春簃等建筑,都是旧日园主读书作画之所,布置疏朗清幽。

最自然质朴的园林——艺圃

艺圃位于苏州市文衙弄。艺圃始建于明嘉靖年间,袁祖庚建醉颖堂,题门额"城市山林"。万历时为文徵明曾孙文震孟所得,堂名世纶,园名药圃。清初归姜垛,更名颐圃,又称敬亭山房,其子姜实节易园名为艺圃。此后屡易主。道光三、四年,吴姓曾予以葺新。道光十九年,园宅归经营绸业的人士,改名"七襄公所",重加修葺。此园保持明末清初景观风貌和部分建筑,是研究园林史的重要实例。

艺圃现占地约3800平方米。园宅布局曲折,厅堂古朴。园在宅西,水池居中,约占四分之一。建筑多在池北,池南以假山为主景。有博雅堂、延光阁、旸谷书堂、思敬居、乳鱼亭、思嗜轩、朝爽亭、香草居、响月廊诸胜。

艺圃平面略呈南北狭长的矩形,北端为庭院,由主厅博雅堂和水榭

组成;中央凿池,面积约 667 平方米,为全园中心,水面集中,东南、西南各有水湾一处,上有低平石桥。除北端为水榭驳岸外,其余池岸均接近自然,而池面则因近旁为低小建筑而显得开阔,取网师园手法。池南叠假山,构桥亭,西南置小院一所。池北岸的五间水榭,低浮于碧波之上,两侧有附属建筑。这些建筑占据池北全部,这在苏州园林中甚为少见。池南临水置石矶,其后堆土山,山近水一面以湖石砌直壁危径。西南以墙隔作旁院,引水湾入内为小池,石山也延脉至此。院西方有厅两间,周列湖石,种植山茶、辛夷,别有洞天。池东南的乳鱼亭,为明代遗构。其旁边的缓曲石桥,也属建园初期作品,都很珍贵。

艺圃的这种以池水、石径、绝壁相结合的手法,取法自然而又力求超越自然,是明清时期苏州一代造园家最为常用的布局技法。

苏州园林与范仲淹

在苏州天平山"万丈红霞"的枫林丛中,有一座很大的墓地和祠堂,这是北宋著名文学家范仲淹的祖坟和家祠。

"先天下之忧而忧,后天下之乐而乐"这千古不朽的名言出自范仲淹的名篇《岳阳楼记》。千百年前,这句名言被多少志士仁人视为座右铭,陶冶着高尚的情操。

　　其实,范仲淹并没有到过岳阳楼。人们不禁要问:范仲淹如何能绘声绘色地描写洞庭湖的壮丽景色呢?这主要是因为范仲淹生活在园林如画的苏州,苏州的园林之美为范仲淹的笔端注入了艺术的灵气。苏州又在太湖边上,湖边有两座洞庭山,范仲淹从小就看惯了太湖的春柳秋月,惊涛骇浪。

　　历史上的范仲淹还是一位著名的政治家,他在政治上的声望和他在文学上的名气几乎一样大。而且,他一生的大部分经历都与苏州有关。他的遗闻逸事,至今仍广为流传。

　　宋仁宗景祐二年(1035年),范仲淹回苏州担任地方官吏,在南园买了一块地皮,打算建造私宅。风水先生给他相地说:"这块地好极了,是卧龙潜伏的地方,南园地处龙头,北寺塔是龙尾,如果在这里兴建住宅,将来子孙可以科甲不断。"范仲淹听后说:"既然这块地方这么好,那倒不如就在这里办学校,让它源源不断地培养出有用的人才,岂不比我一家出几个贵人更好吗？"于是，他就在南园地方兴建起苏州府学和孔庙。从他到苏州上任第一年开始动工，前后经过多年，才建筑完成，其规模十分可观。

旌表范氏名言的"先忧后乐坊"虽然已经拆了，但是这句名言却已经远远超越了封建士大夫的胸怀，被赋予了新的更伟大的含义。

在天平山十景塘的对面，有一座名叫"高义园"的范氏祠堂，里面有"寤言堂""听莺阁""翻经台"等古迹，到苏州游览的人们，是不会忘记来此凭吊一番的。

苏州园林与国画艺术

如诗似画的苏州园林，在历史上素来都是文人荟萃的地方，出过很多有名的画家。南朝时有陆探微、张僧繇，唐代有杨惠之、张璪、滕昌祐，到了明清更是群星灿烂，艺苑生辉。据《吴门画史》统计，自晋迄清，苏州著名画家有1220多名，而以明代人数最多。实力雄厚，人才济济，形成在中国画史上最大的画派——吴门画派，影响全国画风400多年。

"吴门画派"的代表人物是沈周、文徵明、唐寅、仇英，被称为"吴门四家"。

沈周，擅长作山水、人物、花鸟，以山水造诣最深。他的大幅山水画，长林巨壑，一气呵成，气魄雄伟又清新明快，代表作有《策杖行吟图》《落花诗意图卷》等。

文徵明，是诗、书、画的全才，尤以山水画誉满当世。他为后人留下了许多直接描写苏州园林的画卷，《诗泛石湖书画卷》《虎丘图》《拙政园图》《天平纪游图》等。

唐寅，唐伯虎，是今天人们比较熟悉的一位画家。有一位叫冯梦龙的文学家写了《警世通言》一书，其中有一篇《唐解元一笑姻缘》，写的是唐伯虎点秋香的故事。其实这则故事是纯属虚构的，纵观唐寅生平，并没有什么风流韵事。只不过有些疏狂放任，比如他曾刻过一枚图章自称"江南第一才子"。他多才多艺，却一生坎坷，以卖文、卖字画为生。有两首诗是他艰苦生活的自我写照：一首是"不炼金丹不坐禅，不为商贾不耕田。闲来写就青山卖，不使人间造孽钱"，另一首是"青山白发老痴顽，笔砚生涯苦食艰。湖上水田人不要，谁来买我画中山"。

仇英，是唐寅的同学。他最善临摹，画风尚工细。据说他在全神贯注作画时，虽鼓吹喧闹之声，也充耳不闻。他画的《子虚上林图卷》费了6年时间，画成5丈多长的手卷，人物、鸟兽、山川、台榭、旗辇、军容等状，煞费斟酌，见者无不叹服。

苏州园林，以它独特的风采，滋润了中华民族无数伟大的文学家、艺术家。

第三章　中国园林的典范——颐和园

颐和园的来龙去脉

　　在首都北京的西郊,有一座湖山如画的古典园林,壮丽如宫殿嵯峨、长虹卧波,清雅有曲院幽馆、小桥溪水。这就是享有世界名园之誉的颐和园。

　　颐和园历史悠久。800年前女真族建立的金朝,就在这一带修建过"金山行宫"。那时的万寿山叫"金山",昆明湖称"金水"或"金海"。到了元代,金水改成瓮山泊,湖中除了从玉泉山引来的泉水外,元世祖忽必烈还采用了水利官员郭守敬的方案,巧引昌平凤凰山下白浮泉水,增大了水量。由于它位于北京西郊,所以又称"西湖"。元统治阶级看见了这块风光秀丽的地方,大兴土木,历时三年,在西湖畔修建了大承天护国寺,于玉泉、西湖之间装点了许多人工景观。自此,西湖景有"壮观神州今第一"的美誉。

清朝以后,这里的一石一木,一雕一画,更是记录了近代史上的风云变幻。清代乾隆年间,乾隆皇帝为了给他的母亲庆 60 大寿,在瓮山上修大报恩延寿寺,改瓮山为万寿山,并仿照汉武帝在长安昆明湖上训练水师的故事,将西湖改为昆明湖,园名也改为清漪园。

可惜的是,这座历时 15 年,耗银 480 万两而修建的清漪园,在清朝咸丰十年(1860 年)被英法侵略军一把大火化为灰烬,园中珍宝均被抢劫一空。

25 年之后,慈禧太后垂帘听政,为了满足个人享受,巧立名目,挪用海军经费重修清漪园,并取"颐养冲和"之意,将园名改为"颐和园"。"颐和园"的九龙大匾就悬挂在东宫门的中间檐下,苍劲有力、挥洒自如的镏金大字,出自光绪皇帝的手笔。

清朝末年到民国初年,颐和园又被日伪和蒋介石反动派糟蹋。中华人民共和国成立以后,颐和园才真正成为人民的园林,以她焕然一新的面貌迎接天下游客。

气势宏伟的佛香阁

佛香阁是颐和园的主体建筑,建筑在万寿山前高 21 米的方形台基上,南对昆明湖,背靠智慧海,以它为中心的各建筑群严整而对称地向两翼展开,形成众星捧月之势,气派相当宏伟。佛香阁高 40 米,8 面 3 层 4 重檐,阁内有 8 根巨大铁力木擎天柱,结构相当复杂,为古典建筑精品。

佛香阁是一座宏伟的塔式宗教建筑,为全颐和园建筑布局的中心。"佛香"二字来源于佛教对佛的歌颂。该阁仿杭州的六和塔建造,阁上层榜曰"式延风教",中层榜曰"气象昭回",下层榜曰"云外天香",阁名"佛香阁"。

1. 佛香阁的历史

在清朝乾隆时期(1736～1795年)筑九层延寿塔,至第八层"奉旨停修",改建佛香阁。1860年(咸丰十年)毁于英法联军,光绪时(1875～1908年)在原址依样重建,供奉佛像。

佛香阁结构复杂,独具匠心,高台矗立,气势磅礴。它将东边的圆明园、畅春园,西边的静明园、静宜园以及万寿山十几里以内的优美风景提携于周围,把当时的"三山五园"巧妙地连成一体,使之成为一个大型皇家园林风景区。据说这座巨大的建筑物被英法联军烧毁后,1891年花了78万两银子重建,是颐和园内最大的工程项目。登上佛香阁,周围数十里的景色尽收眼底。托举佛香阁的这座台基,包山而筑。把佛香阁高高托举出山脊之上。仰视有高出云表之概,随处都能见到它的姿影。

阁仗山雄,山因阁秀,万寿山在远处西山群峰的屏障和近处玉泉山的陪衬下,小中见大,气势非凡,苍松翠柏,秀色葱茏。佛香阁面对的昆明湖又恰到好处地把这个画面全部倒映出来,山之葱茏,水之澄碧,天光接引,令人荡气抒怀。中国造园家们所津津乐道的造园手法——借景,在这里得到了完美的运用和体现。

佛香阁往上是颐和园至高建筑"智慧海",俗称"无梁殿"。内部结构以纵横交错的拱圈支撑顶部，不用梁枋承重。该殿无木料，得以逃过1860年的大火，但殿中佛像及殿外壁上千余尊小佛像却被列强盗走。

2. 佛香阁的故事

乾隆修造清漪园时，原准备在此处建一座九层宝塔，当建到第八层，乾隆一道圣旨，把已建好的八层拆掉，重新建造了一座八方阁，即佛香阁。对于乾隆拆塔建阁之事，历来众说不一。一种认为，乾隆建延寿塔，名义上为母后贺寿，实则为把三山五园连成一体，想使延寿塔成为携东西皇家园林的主体建筑。但建到第八层时发现和原来想象不符，故拆塔建阁；另一种认为，京西一带，历来塔多，为避免塔影重叠，乾隆才下决心拆塔建阁。实际上，建阁确实收到了比较好的效果。阁高而有气势，大而稳重，与前山建筑融洽得体。

昆明湖边一条龙

从佛香阁往下看，一条"长龙"横卧在昆明湖边的树丛里，这就是颐和园的长廊。它东起邀月门，西止石丈亭，共计273间，全长728米。

这是一座天然画廊。山色与湖光在此分界，又在此融合。一根根廊柱与横楣、坐凳，构成一个个天然的取景框，步移景换，层出不穷，使人应

接不暇。雨天,烟雨空蒙,山上苍翠如画,湖上天水相接,西堤、湖岛,若有若无,使人生出空灵缥缈之感。雪天,凝立长廊,四顾皎然,唯一条长廊五彩斑斓,留于天地之间。漫步其中,恍若乘画舫在雪海上行驶。漫步长廊,还可以细细地赏鉴梁枋上一幅幅彩画,江南风景、花卉翎毛,还有取自古典名著的人物故事……多达上万幅。

饱览了这里的湖光山色,长廊又把游人送到更加迷人的地方。

湖山有真意

从智慧海后面,沿山径西行时,你会被一片奇异的风景所迷醉。

站在智慧海西侧的山坡上,前面:松林梢头,铺展着黄绿相间的田野,矗立着玉泉塔影,横抹着淡淡的远山;左边:丛树中透出湖光、桥影;右面:透过松枝,可以见到高楼、烟囱、公路和鳞次栉比的屋舍。

沿山径往西缓缓而行,随着山势的起伏、弯转,景物也在不停地变幻着:一会儿,前面的田野在树后隐没,只剩下玉泉塔影和南面的小山;左边密密的丛树遮住了湖光桥影,而右面的楼群、烟囱,却从松枝间透出,一会儿,前面的玉泉塔影又倏然隐去,松树梢头又露出了田野、小山;右面松树后面则不见了楼群和烟囱;而点点湖光、隐隐桥影,却又从左面的树隙间透出。如此左转右折,景隐景现,走着,走着,当你步上一个斜坡,转过一个土坡时,蓦然间,数株高大的苍松挡住了你的视线,湖光、桥影、远山、宝塔、楼群、烟囱……皆消逝,只见苍翠的松枝间闪出绿檐红柱的一角。走近,原是一座敞厅。厅的四周有倒挂楣子和坐凳栏杆。梁枋上有苏式彩画。南面檐下悬有一块慈禧题书的额匾,"湖山真意"。取陶渊明《饮酒》诗"结庐在人境,而无车马喧""此中有真意,欲辨已忘言"之意。

宝塔映光辉

颐和园的前山壮丽、秀美,清澈的湖光辉映着金碧楼台;后山静穆、森幽,翠绿的松柏掩映着古刹和佛塔。1860 年英法联军焚掠后,这些建筑几乎尽成废墟,慈禧重建颐和园时,也未能恢复,仅仅在原四大部洲的遗址上修了一座香岩宗印之阁。在后山一片废墟间,只有一座多宝塔比较完整地保留下来,屹立于万寿山之上,闪烁着五彩光华。

多宝塔,是一座八角八层的琉璃塔,高十六七米。镀金塔顶,玉石为台,五色琉璃檐。当我们漫步在后山,那秀丽的塔影,便时时透过苍松翠

柏,闪现在我们的眼前。特别是当朝日或夕晖穿过树丛投射到塔身上的时候,那镀金的塔顶、五色琉璃的塔身,溢彩流光,与周围的绿树相映成辉,令人流连忘返。

颐和园围墙的启示

颐和园,它的美丽和精巧,充分显示了我国劳动人民的勤劳和智慧,并令世界为之瞩目;它的豪华和富贵,深刻揭示着封建统治者的奢侈和

腐败。那五米高的围墙，多像一幅历史的长卷，记录着我国近代史上的风风雨雨。

"炸弹一响大墙高，慈禧犹如惊弓鸟。清廷腐败气数尽，当年淫威何处找。"这首诗讽刺的是慈禧太后增高围墙的事。

当年，戊戌变法的维新派被慈禧镇压之后，国内反清浪潮此起彼伏，革命烈火，势不可当。在这种形势下，慈禧玩弄计谋，口头上勉强同意将国体由专制改为立宪，并假装正经地要派载泽、绍英、戴鸿慈、徐世昌、端方等满汉五大臣出洋，打算去日本、美国及欧洲一些国家考察其政治制度、立宪细则等，以粉饰门面，麻痹人民。光绪三十一年（1905年）七月，五大臣奉令出访，准备在正阳门车站乘车出发，为此事朝廷还特意安排了隆重的欢送场面。这时，安徽的一名革命志士吴樾携带炸弹潜入北京城，当五大臣赶到正阳门车站准备上车时，吴樾将炸弹抛去，只听一声巨响，五大臣中的载泽、绍英被击中受伤，其他大员面如土色。消息立即传到颐和园，慈禧在园中恐惧异常，遂将两米高的围墙增高到五米，并请一些拳师进园，教太监习拳弄棒，可见其惶惶不可终日状。

现如今颐和园北宫门左右的围墙上，增高的痕迹依旧清晰可见，像是写给游人的一段解说词：这是一座历经沧桑的名园，它留给后人的不光是湖光山色的美丽、亭台楼阁的精巧、宫殿厅堂的豪华，它是一段历史，需要我们用心去读。

第四章 东南名园之冠——豫园

豫园,位于上海老城厢东北部,北靠福佑路,东临安仁街,西南与老城隍庙、豫园商城相连。豫园为"全国四大文化市场"之一,与北京潘家园、琉璃厂、南京夫子庙齐名。它是老城厢仅存的明代园林。园内楼阁参差,山石峥嵘,湖光潋滟,素有"奇秀甲江南"之誉。豫园始建于明嘉靖年间,距今已有四百余年的历史。它原是明朝一座私人花园,占地2万平方米有余。园内有三穗堂、大假山、铁狮子、快楼、得月楼、玉玲珑、积玉水廊、听涛阁、涵碧楼、内园静观大厅、古戏台等亭台楼阁以及假山、池塘等40余处古代建筑,设计精巧、布局细腻,以清幽秀丽、玲珑剔透见长,具有小中见大的特点,体现明清两代南方园林建筑艺术的风格,是江南古典园林中的一颗明珠。

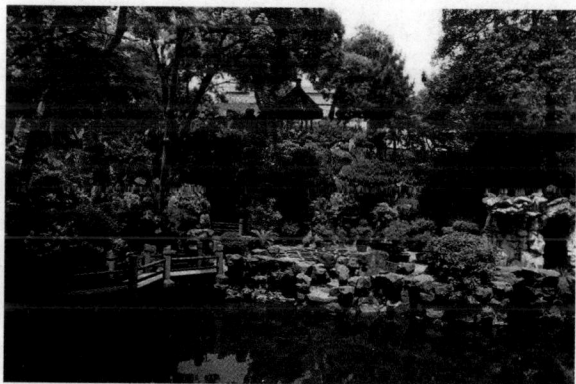

清末小刀会起义时,曾以园内点春堂为城北指挥部。豫园历经兴废,日趋荒圮。新中国成立后,人民政府对豫园进行了大规模修葺,当年景观大半恢复。豫园内收藏上百件历代匾额、碑刻,大都为名家手笔。豫园1959年被列为市级文物保护单位,于1961年开始对公众开放,1982

年2月由国务院公布为全国重点文物保护单位。豫园左右亦有城隍庙及商店街等旅游景点,附近有多家著名食店,包括以小笼包著名的南翔馒头店、绿波廊及上海老饭店。

豫园园主潘允端是明刑部尚书潘恩之子。嘉靖三十八年(1559年),潘允端应考落第,萌动建园之念,在上海城厢内城隍庙西北隅(今安仁街东的梧桐路、马园弄一带),其家宅世春堂西的大片菜畦上"稍稍聚石凿池,构亭艺竹",动工造园。嘉靖四十一年,潘允端出仕外地,无暇顾及建园,其《豫园记》中说:"垂二十年,屡作屡止,未有成绩。"

万历五年(1577年),潘允端自四川布政司解职回乡,便集中精力再度经营扩修此园,"每岁耕获,尽为营治之资",并聘请园艺名家张南阳担任设计。此后,园越辟越大,池也越凿越广。万历末年竣工,总面积4万多平方米。全园布满亭台楼阁,曲径游廊相绕,奇峰异石兀立,池沼溪流与花树古木相掩映,规模恢宏,景色旖旎。

明代中、后期正值江南文人造园兴盛时期,上海附近私家园林不下数千,而豫园"陆具岭涧洞壑之胜,水极岛滩梁渡之趣",其景色、布局、规模足以与苏州拙政园媲美,公认其为"东南名园之冠"。

潘允端在《豫园记》中注明"匾曰'豫园',取愉悦老亲意也"。"豫",有"安泰""平安"之意。足见潘允端建园目的是让父母在园中安度晚年。

但因时日久拖,潘恩在园刚建成时便亡故,豫园实际成为潘允端自己退隐享乐之所。潘允端常在园中设宴演戏、相面算命、祝寿祭祖、写曲本、玩蟋蟀、放风筝、买卖古玩字画等,甚至在这里打骂奴婢、用枷锁等惩罚童仆。由于长期挥霍无度,加上造园耗资,以致家业衰落。潘允端在世时,已靠卖田地、古董维持。潘允端死后,园林日益荒芜。明末,潘氏豫园一度归通政司参议张肇林(潘允端孙婿)。清初,豫园几度易主,园址也被外姓分割。康熙初年,上海一些士绅将豫园几个厅堂改建为清和书院,堂中供奉松江知府张升衢长生禄位。书院尚未修竣,张升衢遭贬黜,随即停工。园中亭台倾圮参半,草满池塘,一些地方成了菜畦,秀丽景色已成一片荒凉。

清康熙四十八年(1709 年),上海士绅为公共活动之需,购得城隍庙东部土地 1300 多平方米建造庙园,即灵苑,又称东园(今内园)。乾隆二十五年(1760 年),一些豪绅富商集资购买庙堂北及西北大片豫园旧地,恢复当年园林风貌。乾隆四十九年(1784 年)竣工,历时 20 余年。因已有"东园",故谓西边修复的园林为"西园"。

修复后的西园、东园性质上已非私家花园,成了供城邑士人乡绅们集会游玩的寺庙园林,但规模布局还依照潘氏豫园,保留了文人宅园明秀雅洁的风貌。原临荷花池的乐寿堂已颓圮,复建西园时,在原址上建起形制高大、华丽宽敞的三穗堂。

鸦片战争时，豫园遭破坏。道光二十二年（1842年）农历五月十一日，英军从北门长驱直入，驻扎豫园和城隍庙，司令部设在湖心亭。豫园"风光如洗，泉石无色"。咸丰五年（1855年）小刀会起义失败，清军驻扎豫园，香雪堂、点春堂、桂花厅、得月楼、花神阁、莲厅皆遭损毁。咸丰十年，太平军东征，清政府请洋枪队入城防守，豫园又做兵营，"西园石山，尽拆填池"，建造西式营房。

清嘉庆、道光年间，上海商业发展较快，一些商业行会在豫园设同业公所，作为同业间祀神、议事、宴会、游赏之处。同治七年西园划分给各同业公所，各自筹款修复。此后园内茶楼酒馆相继兴起，商贩云集，荷花池西南一片空地上，一些江湖艺人，诸如相面测字、卖梨膏糖、拉洋片等在此设摊，逐渐成为固定庙市，后演变为商场。光绪元年（1875年），豫园内有豆米业、糖业、布业等21个工商行业设立公所，一些公所还设立学校，旧有古迹日趋湮没。民国时期，豫园已被一条东西小路（今豫园路）分割成南北两片，古建筑破陋，面目全非，有些改建成民房，凝晖阁、清芬堂、濠乐舫、绿波廊成为菜馆、点心铺或者茶楼。香雪堂于八一三淞沪战争时被日军焚毁，除堂前玉玲珑假山石外，仅剩一片空地。所幸园中重要部分点春堂、三穗堂、大假山和一些亭台楼阁、古树名木，仍得以保存。

新中国成立后，豫园得到妥善保护。1956年经市政府批准，拨出专款，由市文化局直接组织专门班子，聘请上海民用设计院和同济大学建筑专家以及能工巧匠，对豫园进行了全面修复，历时5年，投资上百万元，修复重建被毁坏的三穗堂、玉华堂、会景楼、九狮轩等古建筑，疏浚淤塞的池塘，栽植大量树木花草，并把豫园和内园连接起来融为一体。

修复后的豫园大门从原东面安仁街迁至园西南。除荷花池、湖心亭及九曲桥划为园外景点外，全园有大小景点48处，大体可分成东部、西部、中部以及内园等景区。豫园恢复了秀丽典雅的名园风貌。1961年9月，豫园正式对外开放，成为中外各方人士喜爱的游览参观娱乐场所。

豫园对外开放后，仍不断进行修缮。1956～1961年大修时，限于当时财力物力，玉玲珑景点虽恢复了玉华堂、会景楼等建筑，但园林仍显得较空旷，与整个豫园幽深曲折、小中见大的特色不太和谐。1982年大假山前的湖石、假山、螺丝洞及万花楼前小假山、花墙出现险情，经区政府批准，拆卸险墙两处并按原样修复。同时，改变了与古园林风貌不协调的水泥路面，调整了花木布局，扩建了东园门等。共计完成大的和较大整修项目23项，零星小项目上百项。

1986年3月，区政府决定，投资600余万元，分三期工程整修豫园。聘请园林专家陈从周教授及其博士生蔡达峰，参照清乾隆时期的豫园布局和江南古典园林特点，进行设计、指导。第一、二期工程主要是整修豫园东部景区，包括玉玲珑、玉华堂、会景楼、九狮轩周围景点。这一区域历来受破坏严重，修复工程较大，拆除防空洞，重建青石环龙桥，扩大水面，修建积玉假山、浣云假山、玉玲珑壁照和百米积玉廊。一、二期工程于1987年竣工。第三期工程修复内园古戏台。内园古戏台因周围居民居住，长期重门深锁，无法对外开放。区政府在市文物管理委员会支持下，动迁13户居民、2家企业，1987年底至1988年8月期间动工修缮古戏台，并新建双层看廊。重放光彩的古戏台，建筑宏敞，藻饰精美，画栋雕梁，使豫园增添了一个环境典雅、古趣盎然的新景点。陈从周题名为"曲苑"。

1989年发现三穗堂、仰山堂部分梁柱被白蚁蛀空，区政府决定立即抢修,花费50万元,在这一年调换了被蛀空的梁柱。1993年,外观采用仿明清建筑形式、内部具有现代文物保护设施的文物楼动工兴建,以加强园内文物的保护工作。

今豫园占地2万多平方米,初始规模大半恢复,园内亭台楼阁、假山水榭、古树名花,布局有致,疏密得当,胜似当年。豫园修复后正式对外开放,几十年来,以其秀丽景色和众多文物,吸引着无数中外游人。

三穗堂圆梦

今日豫园内约有48个风景点,按主体建筑可分为若干风景区域,它们是:三穗堂仰山堂区域、大假山区域、万花楼区域、点春堂区域、会景楼区域、玉玲珑区域、内园区域。

进入豫园大门,迎面是一座巍然高耸、宽敞宏伟的大殿"三穗堂",它是豫园的主要建筑之一。大殿的窗格花纹,精细地雕刻着稻穗、麦穗、黍稷和各种瓜果,具有浓厚的江南乡村风味。但若因此说"三穗堂"象征着庆贺丰收,则未免有些望"画"生义了。

三穗的出典即"三穗禾"。据《后汉书·蔡茂传》记载:东汉蔡茂还没发迹时,一天,他梦见自己坐在一座大殿的梁上,看见梁上长出一支禾,禾上抽出三支穗,他急忙跳过去取禾,只取到中间的那支穗,这时梦也就醒了。第二天,蔡茂就请主簿郭贺给他圆梦。郭贺分析说,大殿是官府的象征,梁为"栋梁"之材的意思,梁上有禾喻示为臣子的俸禄,而你在三穗中取到"中禾"，这是"中台之位"呀！再用测字的方法分析，你取到禾即消失了，这样"禾""失"合起来正巧是"秩"字，这正是你马上可以得到"禄秩"的祥瑞。不几天，蔡茂果然被征辟为官。据记载，蔡茂为官清廉，王莽篡权后他公开表示反对，被后人尊为楷模。自此，"三穗"这一典故常用来比喻读书人渴望入仕的祥兆，愿游人都在三穗堂圆一个好梦。

三穗堂门前柱上，有清人所作的一副楹联：

山墅深藏峰高树古

湖亭遥对桥曲波皱

从这楹联中我们不难想象当年三穗堂四周的优美景象：三穗堂之前分植桧柏，面对大湖，颇具广远之势；湖心有亭，渺然浮于水上。

仰山堂仰山

这座飞檐翘角的两层楼阁，其下层被称为仰山堂，它建于清同治五年（1866年）。屋顶有28个翘角，这是仰山堂的建筑特点之一。进入堂内有块"此处有崇山峻岭"匾额，摘自王羲之《兰亭集序》中佳句，点出此处为观赏堂外大假山景色的最佳地方。上层为卷雨楼，取自唐代诗人王勃《滕王阁诗》中名句"画栋朝飞南浦云,珠帘暮卷西山雨"。意思是在蒙蒙细雨中登上卷雨楼观望大假山,迷茫如烟,隐约可见,别有一番诗情画意。

在仰山堂隔池观山景可称为豫园一绝,如果我们要亲临大假山,就必须经过右边这游廊。游廊前有对栩栩如生的铁狮子,它铸于元代,距今有700多年历史。抗日战争时期曾被日军抢走,日本投降后铁狮子回归我国。1956年修复豫园时被放在此地。这对铁狮子左雄右雌,雄狮左蹄踏球,象征权力和威严,雌狮踏着小狮子,象征子嗣昌盛。

仰山堂仰山,其韵味无穷尽也。

渐入佳境的通道——游廊

仰山堂东侧的游廊,是进一步深入豫园的通道,起名叫"渐入佳境"。这里有一段颇令人回味的故事。《晋书·顾恺之传》中说,顾恺之十分喜欢吃甘蔗,他的吃法还有点讲究,即先吃甘蔗的上段,然后吃到根部,人

家请教他这种吃法有什么道理,他说甘蔗老到头,越老越香甜,甘蔗从上往下吃,可始终保持它的甜味,使人感到越吃越甜,这就叫"渐入佳境"。

"渐入佳境"匾下有一块太湖石,状似美女柔腰弄影,秋波频频,所以被称之为"美人腰"。

游廊尽头是一块大型石碑,曰"峰回路转",取大假山通道盘曲多变之意。过游廊,左侧有一洞门,这是登大假山的通道。从洞门西望,左水右山,给人以神清气爽之感。门上题额"溪山清赏",出自明代著名书法家祝枝山的手笔,是豫园中珍贵的匾题之一。

江南园林之瑰宝——大假山

进"溪山清赏"门,拾级而上可登大假山。

大假山,是豫园景色的精华所在。整个假山用无数大小不同的黄石头堆砌而成,大约有13米高,见石不露土,迂回曲折,千变万化。山上花木葱茏,山下环抱一片湖水,亭台楼阁在树木丛中或隐或现,景色十分迷

人。人们来到这里，无论是攀登险峻的山路，还是坐在山下欣赏那湖光山色，都如同置身于崇山峻岭、辽阔江湖一般。

大假山，是江南现存下来的明代假山中气势最雄伟、结构最新奇的一座，被视为江南园林之瑰宝。这件不可多得的艺术佳作，是明代著名的叠山家张南阳精心设计的。张南阳，上海人，因善堆假山故号"张山人""卧石生"，他自幼随父习画，并刻苦攻读文史，深得艺术之真谛，以后转而习堆假山。

如果有机会游赏豫园，请你们不妨也登临山顶，亲自领略一下浦江风帆的壮景和荷花池畔飞檐倒影、波光粼粼的佳境。

点春堂和小刀会

点春堂是豫园的主要景点之一，原建筑建于清道光之前。道光初年，福建汀州、泉州、漳州三府的花糖洋货商在这里成立"花糖洋货公所"，所以又叫作"花糖公墅"。1853 年 9 月，上海人民响应太平天国运动，爆发了以刘丽川、陈阿林为首的反清武装斗争——小刀会起义，点春堂便是当年"小刀会"的一个指挥所。

　　现在点春堂里,陈列着清代著名画家任白牟歌颂"小刀会"起义的巨幅绘画,陈设着起义军使用的武器、颁发的文告等历史文物,详细地介绍了"小刀会"起义的全过程。如今,人们瞻仰"点春堂",不禁热血沸腾,心情激荡,耳边好像听到当时人民群众嘹亮的歌声:"东校场,西校场,兵强马又壮,要投小刀会,去到点春堂。"1961年郭沫若游豫园,瞻仰了点春堂,并作诗一首:

小刀会址忆陈刘,

一片红巾起海陬。

日月金钱昭日月,

风流人物领风流。

玲珑玉垒千钧重,

曲折楼台万姓游。

坐使湖山增彩色,

豫园有史足千秋。

"引玉"门前引玉

　　从点春堂向西经会景楼而南,一座临水三曲石桥已在眼前,一面粉墙横亘东西,把玉玲珑、得月楼与会景楼、九狮轩分割成两个风景区。墙间洞开一门,步三曲石桥上望去,玉玲珑刚巧映在洞门之中,人随曲桥行,石在洞中移,恍惚之中更感玉玲珑之娇媚。洞门上有题额,曰"引玉"。为中国园林古建筑专家陈从周所题。相传唐代赵嘏颇负诗名,但很少写诗。诗人常建想得到赵嘏的诗,一次,常建估计赵嘏要去苏州灵岩寺,就预先在寺墙上写了一首没有完成的诗,赵嘏偕友上灵岩寺,果然在常建诗后补上一句绝句,后人把这个故事叫作"抛砖引玉"。玉玲珑是石中佳品,也是豫园的镇园之"宝玉","引玉"意为引导游人通向玉玲珑,取典十分贴切。

豫园的景点还有很多。当我们身临其境的时候,一定会感到高楼耸立之间的这块弹丸之地,是何等的珍贵,何等的让人流连忘返!

第五章　举世闻名的万园之园
——圆明园

　　"圆明园"是由康熙皇帝命名的。康熙皇帝御书三字匾牌,就悬挂在圆明园殿的门楣上方。对这个"圆明",雍正皇帝有个解释,说"圆明"二字的含义是:"圆而入神,君子之时中也;明而普照,达人之睿智也。"意思是说,"圆"是指个人品质,是标榜明君贤相的理想标准。

　　另外,"圆明"是雍正皇帝自皇子时期一直使用的佛号,雍正皇帝崇信佛教,号"圆明居士",并对佛法有很深的研究。著有《御选语录》19 卷和《御制拣魔辨异录》。在清初的佛教宗派格局中,雍正皇帝以"禅门宗匠"自居,并以"天下主"的身份对佛教施以影响,努力提倡"三教合一"和"禅净合一",是佛教发展史上非常重要的人物。康熙皇帝在把园林赐给胤禛(后为雍正皇帝)时,亲题园名为"圆明园"正是取意于雍正的法号"圆明"。

1. 圆明园的历史发展

圆明园是清代著名的皇家园林之一。圆明三园面积 3 平方千米有余,有 150 余景。在康熙四十六年即 1707 年时,园已粗具规模。同年十一月,康熙皇帝曾亲临圆明园游赏。雍正皇帝于 1723 年即位后,拓展原赐园,并在园南增建了正大光明殿和勤政殿以及内阁、六部、军机处值房,用以"避喧听政"。乾隆皇帝在位 60 年,对圆明园岁岁营构,日日修缮,浚水移石,费银千万。他除了对圆明园进行局部增建、改建之外,还在紧东邻新建了长春园,在东南邻并入了绮春园。至乾隆三十五年即 1770 年,圆明三园的格局基本形成。嘉庆朝,主要对绮春园进行修缮和扩建,使之成为主要园居场所之一。道光朝时,国事日衰,财力不足,但仍不放弃对圆明三园的改建和装饰。

圆明园位于北京西北郊,建于明朝。1709 年,经雍正、乾隆、嘉庆、道光、咸丰五位皇帝 150 多年的经营,集中了大批物力,役使了无数能工巧匠,倾注了千百万劳动人民的血汗,它被精心营造成一座规模宏伟、景色秀丽的离宫。清朝皇帝每到盛夏就来到这里避暑、听政,处理军政事务,因此也称"夏宫"。圆明园周围连绵 10 千米,由圆明园、绮春园、长春园组成,而以圆明园最大,故统称圆明园。此外,还有许多属园,分布在圆明园的东、西、南三面,其中有香山的静宜园、玉泉山的静明园、清漪园(后来的颐和园就是在此基础上建造起来的）等，全园面积合计 3 平方千米有余。

　　圆明园不仅汇集了江南若干名园胜景，还创造性地移植了西方园林建筑，集当时古今中外造园艺术之大成。园中有金碧辉煌的宫殿，有玲珑剔透的楼阁亭台；有象征热闹街市的"买卖街"，有象征田园风光的山乡村野；有仿照杭州西湖的平湖秋月、雷峰夕照，有仿照苏州狮子林的风景名胜；还有仿照古代诗人、画家笔下的诗情画意之情境建造的蓬莱瑶台、武陵春色等。可以说，圆明园是中国劳动人民智慧和血汗的结晶，也是中国建筑艺术和文化的典范。不仅如此，圆明园内还珍藏了无数的各种式样的无价之宝，极为罕见的历史典籍和丰富珍贵的历史文物，如历代书画、金银珠宝、宋元瓷器等，堪称人类文化的宝库之一，也可以这样说，它是世界上一座最大的博物馆。

　　2. 建筑的水主题特征

　　圆明园的园林造景多以水为主题，因水成趣，其中不少是直接吸取江南著名水景的意趣。圆明园后湖景区，环绕后湖构筑 9 个小岛，是全国疆域——"九州"之象征。各个岛上建置的小园或风景群，既各有特色，又彼此相借成景。北岸的上下天光，颇有登岳阳楼一览洞庭湖之胜概。西岸的坦坦荡荡，酷似杭州玉泉观鱼，俗称金鱼池。圆明园西部的万方安和，房屋建于湖中，形作"卐"字，冬暖夏凉，雍正皇帝喜欢在此居住。圆明园北部的水木明瑟，用"泰西（西泽）水法"引水入室，转动风扇，乾隆皇帝喜欢在此消暑。长春园西湖中的海岳开襟，在白玉石圆形巨台上建有三层殿宇，远远望去好似海市蜃楼一般。

　　福海之中的蓬莱瑶台，取材于神话中的蓬莱仙岛，原名蓬莱洲。相传，秦始皇曾派遣一个名叫徐福的人，率领千余名童男童女，出海东渡，去替他寻仙境、求仙药，以祈长生不老。这当然只能是"海客谈瀛洲，烟涛微茫信难求"。而雍正皇帝则让工匠在圆明园的东湖之中用嶙峋巨石堆砌成大小三岛，象征传说中的蓬莱、瀛洲、方丈"三仙山"，岛上建有殿阁亭台，并按"徐福海中求"的寓意，把东湖命名为"福海"。在福海四岸另外还建有十多处园林佳景。福海，东西、南北各宽五六百米，加上四周小水域，共约35万平方米，相当于北海公园的水面面积。这里水面开阔，景色秀丽，每年端午佳节，在此举行大型龙舟竞渡活动。七月十五日夜，清帝于此观赏河灯。冬日结冰后，皇帝乘坐冰床在福海赏游。福海实际上是圆明园的水上娱乐中心。

　　圆明园还有个显著特点，就是大量仿建了全国各地特别是江南的许多名园胜景。乾隆皇帝曾经六次南巡江浙，多次西巡五台，东巡岱岳，巡游热河、盛京（即沈阳）和盘山等地。每至一地，凡他所中意的名山胜水、名园胜景，就让随行画师摹绘成图，回京后在园内仿建。据不完全统计，圆明园的园林风景，有直接摹本的不下四五十处。杭州西湖十景，连名称也一字不改地在园内全部仿建。正所谓：谁道江南风景佳，移天缩地在君怀。

3. 建筑的造型特征

圆明三园共有一百余处园中园和风景建筑群，即通常所说的一百景。集殿堂、楼阁、亭台、轩榭、馆斋、廊庑等各种园林建筑，共约 16 万平方米。比故宫的全部建筑面积还多 1 万平方米。园内的建筑物，既吸取了历代宫殿式建筑的优点，又在平面配置、外观造型、群体组合诸多方面突破了宫式规范的束缚，广征博采，形式多样。创造出许多在我国南方和北方都极为罕见的建筑形式，如字轩、眉月轩、田字殿，还有扇面形、弓面形、圆镜形、工字形、山字形、十字形、方胜形、书卷形等等。加之在园林布局上，因景随势，千姿百态；园中各景又环环相套，层层进深，形成了丰富多彩、自然和谐的整体美。法国传教士王致诚，曾有一段形象的描述，他说：圆明园的建筑，形式变化较多，而且参差不齐，不落窠臼。它的每一座小的宫殿，都仿佛是按照奇特的模型制成的，像是随意安排的，没有一座与其他雷同。一切都如此饶有兴趣，人们不能在一览之下，就领

略这幅景色,必须一点一点地仔细研究它。

4. 建筑的宗教特征

圆明园的寺庙园林,也是反映中国古代文化的一个侧面。安佑宫(鸿慈永祜),是按照景山寿皇殿的旧例建造的,用来祭奉康熙、雍正皇帝"神御",是园内的皇家祖祠。宫为9间,以黄色琉璃瓦覆顶,是园内体量最大的一个建筑物。周围有乔松,中轴线南端有两对华表,给人以庄严肃穆之感。方壶胜境,位于福海东北海湾岸边,是按照幻想中的仙山琼阁建造的,据史料记载,这里供奉有2200多尊佛像,有30余座佛塔。这处建筑的前部底座以汉白玉砌成"山"字形,伸入水中。整个建筑体态庞大,金碧辉煌。每当清晨薄雾初起,该建筑在烟雾中时隐时现,宛如琼阁瑶台一般。这处建筑的格调和气势,是我国现存园林建筑中所少见的。舍卫城,是一座典型的佛教建筑。据说是仿照古代印度桥萨罗国都城的布局建造的,城内共有殿宇、房舍326间。康熙以来,每当皇帝、皇太后寿诞,王公大臣进奉的佛像都存放在这里。其中有纯金的、镀银的、玉雕的、铜塑的,年复一年,竟达数十万尊。圆明园遭劫掠焚毁,仅此一处所造成的损失,无论是经济价值还是文化艺术价值,都是难以用数字估量的。

5. 圆明园建筑的评价

圆明园体现了中国古代造园艺术之精华,是当时最出色的一座大型园林。乾隆皇帝说它:"实天宝地灵之区,帝王豫游之地,无以逾此。"而且在世界园林建筑史上也占有重要地位。其盛名传至欧洲,被誉为"万园之园"。法国大文豪雨果于1861年对它有这样的评价:"你只管去想象那是一座令人心驰神往的、如同月宫的城堡一样的建筑,夏宫(指圆明园)就是这样的一座建筑。"人们常常这样说:希腊有巴特农神庙,埃及有金字塔,罗马有斗兽场,东方有夏宫。这是一个令人叹为观止的无与伦比的杰作。

6. 圆明园的规模

清王朝倾全国物力,集无数精工巧匠,填湖堆山,种植奇花异木,集国内外名胜40景,建成大型建筑145处,内收难以计数的艺术珍品和图书文物。在这些建筑中,除具有中国风格的庭院外,长春园内还有海晏堂、远瀛观等西洋风格的建筑群,被誉为"万园之园"。

它继承了中国三千多年的优秀造园传统,既有宫廷建筑的雍容华贵,又有江南水乡园林的委婉多姿,同时,又汲取了欧洲的园林建筑形式,把不同风格的园林建筑融为一体,在整体布局上使人感到和谐完美。真可谓:"虽由人做,宛自天开。"圆明园不仅以园林著称,而且也是一座收藏相当丰富的皇家博物馆。雨果曾说:"即使把我国所有博物馆的全部宝物加在一起，也不能同这个规模宏大而富丽堂皇的东方博物馆媲美。"园内各殿堂内装饰有难以计数的紫檀木家具，陈列有许多国内外稀世文物。园中文源阁是全国四大皇家藏书楼之一。园中各处藏有《四库全书》《古今图书集成》《四库全书荟要》等珍贵图书文物。

圆明园，曾以其宏大的地域规模、杰出的营造技艺、精美的建筑景群、丰富的文化收藏和博大精深的民族文化内涵而享誉于世，被誉为"一切造园艺术的典范"。

1860年10月6日英法联军洗劫圆明园，文物被劫掠，10月18日～19日，3000多名侵略者闯入园内，把园中的建筑烧毁。曾经奇迹和神话般的圆明园变成一片废墟，只剩断垣残壁，供游人凭吊。

建筑艺术与园林艺术的综合

站在满目疮痍的废墟上，尽我们所能去想象，也难以推测圆明园的豪华和壮观。

所幸圆明园的遗址以及堆山、河湖水系大体保留了下来,利用文献资料,结合遗址的现状加以分析,按图索骥,尚能够获得这座园林在其极盛时期的规划设计的概貌。有关园景的具体描述,也能在乾隆的御制诗文以及经乾隆特许进入园内监修西洋楼的欧洲籍传教士的信札中见凤毛麟角。

圆明园人工造山250多座,造型各异,气势迥然,有重峦叠嶂的群山,有拔地而起的孤山,有围绕盆地的环山,有缥缈的青山,有僻静的幽谷,有脉络清晰的岗阜,若把全园的山连接起来,可连绵40多千米。

水域占全园面积的一半,清泉纵横,大小湖泊星罗棋布,弯弯曲曲的河流依山就势,分布全园。回环萦流的河道把大小水面串联为一个完整的河湖水系,构成全园的脉络和纽带,提供了乘舟游览的方便。山水结合,把全园划分为山复水转、层层叠叠的近百处自然空间。每个空间都经过精心的艺术加工,出于人为的创造而又保持着天然的风韵,集中国古典园林平地造园的筑山理水手法之大成。

圆明园内的楼台殿阁、亭榭轩馆等建筑极其宏伟。大部分建筑样式一改宫殿建筑的严谨、雍容的风格,广征博采于北方和江南的民居。这就使得全园的建筑,不仅楼台殿阁、斋坊堂塔、亭榭轩馆应有尽有,而且在风格上千姿百态无一雷同。正大光明殿，庄严雄伟；鱼跃鸢飞，堂皇典雅；天然图画，深邃清幽；镂月开云，精美豪华；琉璃宝塔，崇高稳重……除极少数殿堂外，建筑的外观少施或不施彩绘，特别显得朴素雅致、美观大方。正因如此，它分别和一处处的山林水域环境十分协调，达到了建筑美和自然美的统一。

建筑的群体组合更是极尽变化之能事，120多组建筑群无一雷同，但又万变不离其宗，都以院落的布局作为基调，把我国传统建筑院落布局的多变性发挥到了极致。它们分别与那些自然空间和局部山水地貌相结合，从而创造了一系列丰富多彩、性格各异的"景点"。有上朝听政的正大光明殿，宴会用的九州清宴，祭祀用的安佑宫，藏书用的文渊阁；仿桃花源的"武陵春色"，仿西湖景的"断桥残雪""柳浪闻莺""平湖秋月""雷峰夕照""三潭印月"等。从而形成了圆明园的大园含小园、园中又有园的独特的"集锦式"总体规划，很自然地引导人们从一处建筑走到另一处建筑，从这一个形体环境达到另一个意趣全然不同的形体环境。这种多样化的园景，"动观"效果，较之单一园林空间的步移景异，其艺术感染力自然别具一格。

西洋楼——中西文化的融合

在圆明园的东北端，曾经坐落着一组完全不同于中国园林建筑风格的宫苑——西洋楼。它仿照瑞士、法国等宫殿园林建筑风格修建而成，占地6万多平方米。主要景区有谐奇趣、线法桥、蓄水楼、养雀笼、万花阵、方外观、五竹亭、海晏堂、线法山、远瀛观、方河及"阿克苏十景"等。自从我国造园艺术传到了欧洲，欧洲曾一度掀起了以圆明园为范本的，效法中国造园艺术的热潮。

然而，在我国还未出现过效法欧洲园林的倾向。那么，圆明园中这组富有浓郁西方色彩的建筑——西洋楼，是怎样得来的呢？

西洋楼的建造，出于乾隆皇帝的猎奇心理，以显示当时的国力和气

魄。据说，乾隆皇帝在一次偶然的机会中见到一幅欧洲的人工喷泉图样。这种利用水的压力而喷射水柱的理水方法在当时的中国园林里还从未有过，乾隆对此很感兴趣，才决心建造一组包括人工喷泉在内的欧式宫苑。乾隆命令在宫廷任职的传教士负责设计，由我国工匠制造，历时14年完成。

松柏树木和绿篱修剪，喷水池、围墙、道路铺饰等大都具有西洋特色。6幢建筑物，谐奇趣、蓄水楼、养雀笼、方外观、海晏堂和远瀛观，也都是欧洲18世纪文艺复兴时期盛行的巴洛克样式，全部为承重墙结构。立面上的柱式、檐口、基座、门窗以及栏杆扶手均为欧洲古典样式，而屋顶则大胆采用了中国特有的琉璃瓦。屋脊上施用中国的鱼、鸟、宝瓶等花饰。外檐的雕刻装饰细节部分也采用了不少中国式的纹样。

海晏堂的喷泉巧妙地采用了12个象征12生肖的人身兽面像，它们每隔一个时辰，依次按时喷水。这可以说是中西方不同的观念形态在特定情况下的融合。

在西洋楼远瀛观的南端，就是当年乾隆皇帝观看喷水景色之地。包括放置宝座的台基和宝座后的石雕屏风及两侧的巴洛克式宫门。

应该说，西洋楼是以欧洲风格为基调，融汇了部分中国风格的作品。这里边既凝聚着欧洲传教士的心血，也包含着中国匠师的智慧和创造的结晶。西洋楼是自元末明初欧洲建筑传播到中国以来的第一个具备群组规模的完整作品，也是把欧洲和中国这两个建筑体系和园林体系加以结合的首次创造性的尝试。这在中西文化交流方面是具有历史意义的。

举世罕见的"文明人"大洗劫

十里名园，芳草如织，碧池清流，花树掩映，殿阁巍峨，亭台错落，宛如仙境。清朝皇帝从雍正开始，春夏一到，必来这里居住，到了冬至才回宫里。得意于太平盛世、陶醉于无度享乐中的清朝皇帝，怎么可能预感到，在这花团锦簇、荣华富贵的背后潜藏着重重危机。

科学发达的西方资本主义正剑拔弩张，虎视眈眈地窥视着东方这个泱泱大国。到了道光年间，这场危机爆发了。来自西方的列强，依仗船坚炮利，向中国猛烈地袭击过来。1840年，英国殖民主义者发动了对中国的鸦片战争，强迫清朝政府签订了第一个不平等条约——《南京条约》。1856年，英国政府为了获取更多的在华利益，以亚罗号事件为借口，发动了侵略中国的第二次鸦片战争。腐败的清朝政府对待入侵之敌的态度动摇不定，致使英政府于1858年公然进攻天津，清政府被迫与英、法、俄、美签订了又一个丧权辱国的条约——《天津条约》。

马克思预言："《天津条约》不但不能巩固和平，反而使战争必然重起。"果然，1860年7月，英法联军两万人，军舰200余艘，闯进大沽口，借口护送公使赴北京换约，重燃战火，直逼北京城。

咸丰皇帝惊慌失措，偷偷溜出圆明园，逃往承德避暑山庄。

10月6日，英法联军直扑圆明园，一场震惊世界的"文明人"大抢劫开始了。有关资料记载，敌兵进了圆明园，见到庄严的大殿，辉煌的楼阁，幽静的园林，怔住了，随即动手大抢起来。他们人人背着大口袋，拼命往里塞各种宝贝。有的把头探进大红漆箱寻找珍珠，有的爬到绸缎垛底下去掏散落的玛瑙……有的因相争而互撞，有的跌倒在地，后面的踩着前面的背，就像大雨到来之前的蚂蚁搬窝，乱纷纷、黑压压，喊声、骂声连成一片……真乃举世罕见的百丑行窃图。

劫掠之后，联军统帅额尔金竟下令将圆明园及附近的宫苑全部焚毁。于是，那些无法抢走的珍宝也在大火中化为灰烬。

圆明园上空，烟雾越来越大，飘飘荡荡，仿佛大片乌云，笼罩北京。园子附近火声劈劈啪啪震耳欲聋，殷红的火焰映在侵略者的脸上，个个如同恶魔一般。这举世无双的千古名园，这中华民族智慧之结晶，世界艺术之宝库，整整烧了三天三夜。

雨果在其《就英法联军远征中国给巴特勒上尉的信》中表达了强烈的愤慨：

先生：

您征求我对远征中国的意见。您认为这次远征是体面的，出色的。多谢您对我的想法予以重视。在您看来，打着维多利亚女王和拿破仑皇帝双重旗号对中国的远征，是由法国和英国共同分享的光荣，而您想知道，我对英法的这个胜利会给予多少赞誉。

既然您想了解我的看法，那就请往下读吧：

在世界的某个角落，有一个世界奇迹。这个奇迹叫圆明园。艺术有两个来源，一是理想，理想产生欧洲艺术；一是幻想，幻想产生东方艺术。圆明园在幻想艺术中的地位就如同巴特农神庙在理想艺术中的地位。一个几乎是超人的民族的想象力所能产生的成就尽在于此。和巴特农神庙不一样，这不是一件稀有的、独一无二的作品；这是幻想的某种规模巨大的典范，如果幻想能有一个典范的话。……

这个奇迹已经消失了。

有一天，两个强盗闯进了圆明园。一个强盗洗劫，另一个强盗放火。似乎得胜之后，便可以动手行窃了。对圆明园进行了大规模的劫掠，赃物由两个胜利者均分。我们看到，这整个事件还与额尔金的名字有关，这名字又使人不能不忆起巴特农神庙。从前对巴特农神庙怎么干，现在对圆明园也怎么干，只是更彻底，更漂亮，以至于荡然无存。我们所有大教堂的财宝加在一起，也许还抵不上东方这座了不起的富丽堂皇的博物馆。那儿不仅仅有艺术珍品，还有大堆的金银制品。丰功伟绩！收获巨大！两个胜利者，一个塞满了腰包，这是看得见的，另一个装满了箱箧。他们手挽手，笑嘻嘻地回到了欧洲。这就是这两个强盗的故事。

我们欧洲人是文明人，中国人在我们眼中是野蛮人。这就是文明对野蛮所干的事情。

将受到历史制裁的这两个强盗，一个叫法兰西，另一个叫英吉利。不过，我要抗议，感谢您给了我这样一个抗议的机会。治人者的罪行不是治于人者的过错；政府有时会是强盗，而人民永远也不会是强盗。

法兰西帝国吞下了这次胜利的一半赃物，今天，帝国居然还天真地以为自己就是真正的物主，把圆明园富丽堂皇的破烂拿来展出。我希望有朝一日，解放了的干干净净的法兰西会把这份战利品归还给被掠夺的中国。

现在，我证实，发生了一次偷窃，有两名窃贼。

先生，以上就是我对远征中国的全部赞誉。

维克多·雨果

1861 年 11 月 25 日于高城居

灰飞烟天 满目疮痍

百年心力，毁于一炬。只有那劫后的残骸和屈辱的灵魂在接受游人的凭吊，呼唤着历史的反思。

正大光明殿，散居在这里的农民也许还不知道，当年雍正皇帝就是在这个地方亲政议事。英国侵略军火烧圆明园时，在这里设指挥部。它是兴建圆明园的起点，也是最后一个被点燃的建筑群。

象征"普天之下莫非王土"的后湖九岛，落得一片荒芜；象征国家统一，天下太平的万方安和，只剩下万字形石基；方壶胜境，满目凄然；圆明园西湖十景已经化为一片焦土，只有残石上镌刻的乾隆的题诗，尚能使人追述它昔日迷人的江南风致。

仿明代著名藏书楼"宁波天一阁"的文渊阁，是乾隆皇帝专为收藏《四库全书》而建的。《四库全书》是当时世界上最大的一部书。它分类编纂了全国各类有价值的书籍，是研究我国古代政治、经济、哲学、科学、历史、文艺的重要的文献资料。这部汇集了我国优秀文化遗产的鸿篇巨制，也和文源阁一道，在西方殖民主义侵略的火海中灰飞烟灭了。

效仿印度古都城建造的舍卫城，曾供奉金铸小佛像上万尊，如今所能看到的只有一个从泥土里挖出来的小佛，它也许是舍卫城中唯一的幸存者。

从雍正到咸丰，历时150年，在圆明园收藏积累的无数瑰宝被抢劫一空。如今，若想瞻仰圆明园的珍贵文物，却要到伦敦大英博物馆。在那里陈列着抢自圆明园的名贵的艺术作品，秦汉文物、隋唐书画、明清金玉，应有尽有，多达数万件，几乎展现了一部完整的中国美术史。这还只是抢劫的一部分。在法国巴黎，光是法军统帅奉献给拿破仑三世的部分抢劫物，就开辟了一个中国馆，每件展品都可称为稀世之宝。

给圆明园留下的只有从废墟中清理出来的残雕断瓦。西洋楼几根残存的石柱成了圆明园的"胜景"，经常出现在国内外的书刊杂志上。致使那些不了解圆明园的人，还以为圆明园就是西洋楼呢。其实，全部西洋楼建筑群，也才占全园的五十分之一。

100多年来，有多少沉重的步履在这里徘徊，有多少激愤的目光追寻着它那惨遭蹂躏的史实，聆听着它那血和泪的控诉。在这残破的废墟上，曾洒下多少热泪呀，中华儿女无不仰天发问：一个有着五千年光辉历史，创造过人类璀璨文明的伟大民族，何以蒙受这样的奇耻大辱！

盖世名园今何在？遗恨千秋荡国魂！

今日圆明园遗址公园

新中国成立以后，多少人站在这举世闻名的"万园之园"遗址上，会忽然想到杜甫《茅屋为秋风所破歌》这首诗里的句子："呜呼，何时眼前突兀见此屋？"人间巧意奇天工。仅就这里的山水基础来说，也是世界上平地造园史上绝无仅有的。何时能在这块风水宝地上重睹那金碧辉煌的精巧建筑和极富诗情画意的园林景色呢？

敬爱的周总理早在新中国成立初期就提出：保护好圆明园遗址。

在圆明园历劫 120 周年学术讨论会上，发起了由宋庆龄、沈雁冰等1500 名社会著名人士签名的保护、整修和利用圆明园遗址的倡议。圆明园遗址被列为全国重点文物保护单位。

根据党中央国务院批准的在 20 世纪内建成圆明园遗址公园的规划，北京市政府市长办公会议决定，于 1983 年动工整修圆明园遗址。确立以木为本、以水为纲进行山形水系的规划，对遗址力求保护原貌，有重点地修复部分景点和古建。

市政府还几次开会讨论、解决遗址建设中的有关问题。海淀区政府实行民办公助的建园方针，得到国内社会各界的大力支持和热烈赞助。在这里躬耕居住了半个世纪的农民，为了恢复遗址而纷纷搬迁。

如今，荒芜了 100 多年的圆明园遗址，已经开辟成一座粗具规模的遗址公园，向国内外广大游人开放了。

圆明园原来是清王朝的皇家禁苑，就连宠臣李鸿章擅自来游，还要受到扣发俸禄的处罚。只有在人民当家做主的今天，圆明园才成为大家的园林和缅怀之地。

残破的遗址，透出了生机和明媚，荒芜的土地，又有了生气。到处绽开着许多不知名的小花和有名的灌木花卉。游人在福海水面上摇桨畅游，饱览天光水色、沿湖风光。昔日，咸丰在这里最后一次观赏龙舟竞渡，是 1860 年的端午节，没出 4 个月，英法侵略军一场大火使圆明园化为

一片焦土，福海也随之不见了龙舟盛况，荒芜了100多年。今天福海又恢复了它古老而年轻的面容。

由福海已经开通了通向外环的水域，游人可以荡着小船进入幽深的溪径。新建的30多座桥涵，将园中的水陆连接起来，不管是顺水行舟，还是沿路信步，或者经过怎样的山回路转、水去萦回，都能通达各个景区，甚至殊途而同归。

环湖园路与山间曲径已修茸一新，上桥下贯，错落有致，万紫千红，四时不绝。不论是漫步赏花，还是依亭远眺，或在木椅上小憩，都会感到一股醉人的清新，宛如置身于烟水迷蒙的江南景色之中。

万花阵，也叫迷宫，是照原样重建的，这是我国唯一的仿欧式的迷宫。昔日的乾隆皇帝每至中秋佳节都在这里观赏宫灯，进行智力竞赛，平日是不准别人到这里来玩的。如今，每个人都可以入阵游玩，测测自己智力的高下。

1988年在这里举办的科技灯会和1989年举办的喷泉游园会之辉煌、之壮观，是圆明园有史以来不曾有过的。用超导、光导纤维、光电、激光、光子对撞、生物工程等高科技制造的30多个高科技灯组，在英法殖民主义者制造的残垣断壁间闪烁着五色斑斓、辉煌夺目的光焰，无论是康熙、雍正，乃至嘉庆、道光，都未曾见过这样的胜景。

园内许许多多遗址都是照原样清理的，有的竖碑加以说明，有的还附上原貌图。

"淳化轩"遗址，因墙壁上镶有淳化铁石刻而得名；"廓然大公"遗址，曾经是多么叫人心胸开阔的景观。它虽然在英法联军火烧圆明园时幸存下来，却没能逃脱八国联军的魔掌；"接秀山房"遗址，"户接西山秀，窗临北诸城"，想当年这处景点该是多么的清幽！"平湖秋月"遗址已经面目全非，昔日当秋月凌空、碧波如镜、水天无际之时，这里是好一个钱塘胜境；"三潭印月"遗址，昔日是"夜船歌舞处，人在镜中行"的美景，现在水已干涸，凄凉萧瑟；"紫碧山房"遗址，是当年皇帝登高远眺的地方，今天，站在此处远望香山变幻的霞云，怎不让人想起圆明园昔日的繁盛，那山丘之上，河湖岸边，该有多少楼阁、殿台斗胜。然而，一切的美景都像这变幻的霞云一样，转瞬即逝，只留下千古追怀的遗恨。

这废墟上的追怀，不禁让人为劳动人民的智慧与创造而起敬，为中华民族的灿烂文化而折腰，为腐败的清王朝竟让这世界园林史上的伟大奇观被强盗毁灭而屈辱满怀，悲愤填膺，近百年来，圆明园之火从未停止过掀起中华儿女们感情的波涛。

心事浩茫连广宇，于无声处听惊雷。牢记祖国屡遭列强侵略和蹂躏的历史，让历史的屈辱在我们这一代里唤起中华民族的尊严，让圆明园的光彩继续成为中国奋发图强的见证。

第六章 "四真四假"——无锡园林

　　无锡园林山水有"四真四假"之说,有人说鼋头渚"真山真水",寄畅园"假山假水",锡惠公园"真山假水",而蠡园的特点是"假山真水"。

"真山真水"的鼋头渚

　　来无锡必游太湖,游太湖必至鼋头渚。鼋头渚是横卧太湖西北岸的一个半岛,因巨石突入湖中形状酷似神龟昂首而得名。

　　鼋头渚风景区始建于 1918 年,现面积达 5 平方千米。有充山隐秀、鹿顶迎晖、鼋渚春涛、横云山庄、广福寺、太湖仙岛、江南兰苑、中日樱花友谊林等众多景观,各具风貌。风景区已成为中外驰名的旅游度假休养胜地。鼋头风光,山清水秀,浑然天成,为太湖风景的精华所在,故有"太湖第一名胜"之称。当代大诗人郭沫若"太湖佳绝处,毕竟在鼋头"的诗句,更使鼋头渚风韵名扬海内外。

行湖清波吻石,碧水和天一色;凌山巅高阁振翼,孤鹜落霞齐飞。远眺湖光朦胧,岛屿沉浮;近览峰峦叠翠,亭台隐约。月晨日夕,景色变幻,阴晴雨雪,情趣迥异。仲春四月,樱花烂漫;天高秋日,处处皆胜景。

鼋头渚风景区地广景多,可先登临鹿顶山舒天阁,远眺四方,一洗胸襟,再上鼋头渚,或步行盘桓于花径,或赤足涉水于低滩,或乘船弄涛湖面,坐礁凝思,登楼品茗,领略太湖山水之美,最后乘船渡湖,一探太湖仙岛灵秀、神幻之妙。

鼋头渚水面波光粼粼,百花盛开,嫩绿的垂柳。还有那么多的鲜花,有白色的樱花、红白相间的郁金香、黄色的洋水仙、紫色的紫草花、金黄色的迎春花、粉色的木笔花、雪白的牡丹花、粉紫色的紫荆花。迎春花和紫草花像铃铛一样垂下来,洋水仙的花蕊像一个小喇叭,木笔花就像一支支毛笔的笔尖。

风景如画的鼋头渚,真令人流连忘返。

"假山假水"的寄畅园

寄畅园坐落在无锡市西郊东侧的惠山东麓,惠山横街的锡惠公园内,毗邻惠山寺。此园元朝时曾为僧舍,名"风谷行窝",明朝时扩建。1952年秦氏后人秦亮工将园献给国家,无锡市人民政府对其进行整修保护,逐渐恢复其古园风貌。寄畅园是中国江南著名的古典园林,1988年1月13日国务院公布,寄畅园为全国重点文物保护单位。1999至2000年间,经国家文物局批准,由锡惠名胜区对在太平天国战争期间毁坏的寄畅园东南部进行了修复,先后修复了凌虚阁、先月榭、卧云堂等建筑,恢复了其全盛时期的园林景观,使整个古园气机贯通,充满雅致。

寄畅园属山麓别墅类型的园林。现在寄畅园的面积为9900平方米,南北长,东西狭。园景布局以山池为中心,假山中构曲涧,引"二泉"伏流注其中,潺潺有声,世称"八音涧",前临曲池"锦汇漪"。而郁盘亭廊、知鱼槛、七星桥、涵碧亭及清御廊等则绕水而构,与假山相映成趣。园内的大树参天,竹影婆娑,古朴清幽。以巧妙的借景手段,高超的叠石,精美的理水,洗练的建筑,在江南园林中别具一格。

总体上说,寄畅园的成功之处在于它"自然的山,精美的水,凝练的园,古拙的树,巧妙的景"。难怪清朝的康熙、乾隆二帝曾多次游历此处,一再题诗,足见其眷爱赏识之情。北京颐和园内的谐趣园,圆明园内的廓然大公(后来也称双鹤斋),均为仿无锡惠山的寄畅园而建。

"真山假水"的锡惠公园

锡惠公园在无锡市西郊,以锡山、惠山命名。包括锡山的全部和惠山东麓及连接两山的映山湖。锡惠公园把两山合成一园,内容丰富多彩,展现了南朝以来各个朝代的历史文化古迹,流传着许多生动的人文传说。

惠山古称华山、历山、西照山,相传西域僧人惠照曾居此处,故唐以后称惠山。山有九峰,蜿蜒如龙,又称九龙山。山峰高近330米。有天下第二泉、龙眼泉等十余处泉眼,故俗称惠泉山。

锡山山高仅75米,相传周秦时盛产锡矿,故名。又传秦大军在此埋锅烧饭时挖出巨石,上有两句话:"有锡兵,天下争;无锡宁,天下平。"汉时锡竭,因此此县名为无锡,谚称"无锡锡山山无锡"。锡山是九龙山龙头上的一颗明珠。锡山顶上的龙光塔，又是无锡城市的风景标志之一。

　　从锡惠公园的古华山门入园，可直达惠山寺、寄畅园、天下第二泉等地。惠山寺是江南名刹之一，始建于南北朝。清乾隆皇帝南巡，几次游惠山，亲书"惠山寺"匾额，香火旺盛。主要游览点有唐宋经幢、金刚殿、雪花桥、日月池和御碑亭等。入古华门东折即为"寄畅园"。该园在元朝时为二僧房，名"南隐""沤寓"。明正德年间，当时兵部尚书秦金罢官后，回乡将此处开辟为园，名"凤谷行窝"，后又更名为"寄畅园"。清康熙二十三年（1684年），在内叠石引水，步步得景，处处有画，寄畅园更趋完美。

　　寄畅园的东部是一个南北狭长的水池，名"锦汇漪"。池畔有绕池回廊。回廊粉墙上镶嵌着漏窗。廊中段的六角亭中，安放着石桌、石凳，相传是乾隆皇帝与寺僧下棋的地方。廊的尽头有一个九脊飞檐的方亭，名"知鱼槛"，游人可在此倚栏观鱼。池北林木幽深处，八音洞承二泉活水，泉音叮咚。园的西部则以假山、树木为主。太湖石垒成的"九狮台"，可以凭想象去寻找腾跃、静卧，姿态各异的狮子。寄畅园与惠山九峰、锡山龙光塔连成一片，成为园林建筑中借景手法的成功范例。

　　天下第二泉即惠山泉，又称陆子泉。此泉开凿于唐大历元年至十二年(766～777年)。水质甘美清澄。我国古代著名的茶道专家,唐朝人陆羽在他的《茶经》中,称天下水品二十等,惠山泉为天下第二泉。宋徽宗时,此水成为贡品。唐宋以后,一些著名的诗人常来此游历,留下了许多盛赞此泉的诗句,从此,天下第二泉闻名天下,此泉共分上、中、下三池。泉上有"天下第二泉"石刻,是清代吏部员外郎王澍所书。上池八角形,水质最好,斟过杯口数毫米而茶水不溢。水色透明,甘冽可口。中池方形,筑有泉亭。下池长方形,凿于宋代。此处有二泉亭、漪澜堂、景徽堂及明代的观音石、螭首等。坐在景徽堂的茶座中,品尝用二泉水泡的香茗,欣赏二泉附近景色,泉水从螭口中潺潺流出,叮咚有声。民间音乐家——瞎子阿炳(华彦钧),曾在此作《二泉映月》二胡名曲,曲调悠扬,如泣如诉,更使二泉美名远播天下。

"假山真水"的蠡园

春秋末期,越国大夫范蠡帮助越王勾践消灭了吴国,功成身退,相传偕西施泛舟五里湖。后人据此逸事,就把五里湖改称为"蠡湖"。园内占地面积82000平方米,园内有假山耸翠、南堤春晓、层波叠影等个景区。

蠡园坐落在蠡湖北岸的青祁村,因紧傍蠡湖而得名。蠡园风景如画,近水碧波涟漪,远山翠峦缥缈;湖堤环水,长廊曲绕。小桥垂虹,假山纵横;亭台楼阁,在绿涛密林中隐现,风帆渔舟,在十里湖波中荡漾。南见石塘、雪浪山峰,旁有梁溪、长广溪,构成江南水乡园林的美景。

　　早在民国初年,就建有简朴的"梅埠香雪""柳浪闻莺""南堤春晓""曲渊观鱼""东瀛佳色""桂林天香""枫台顾曲""月波平眺"等景点,号称"青祁八景"。

　　现在的蠡园,有4个游览小区。东部,沿湖有千步长廊(碑刻)、晴红烟绿水榭、凝春塔以及老蠡园的水池、荷叶亭等,还有新建的德柳影亭、绿漪亭、水榭、春秋阁、映月桥;西部有百花山房、濯锦楼、月波平眺亭、南堤春晓、四季亭、渔庄亭;中部有假山群、荷池、莲舫、洗耳泉、桂林天香等。

关于无锡园林的诗

梅园

诵芬怜雪白,移石植天心。布德招松鹤,吟春直到今。

清名桥

隔岸琴窗对,临波一孔圆。城南新旧韵,都向此中穿。

鼋头渚

荡胸山入水,春涨越三吴。濯足忘机处,清风将万株。

寄畅园

出得凌虚阁,来寻鹤步滩。知鱼池虽小,草木使心宽。

太湖

澜青知日远,练白觉衣单。岁岁吟吴越,三千弱水寒。

二泉

塔影思天籁,龙光染月池。弓身心曲在,云水两由之。

蠡园

叠影非顽石,亭台传说多。浣纱春好处,此外水无波。

第七章 五花八门的园林
——杭州园林

如梦如幻的西湖十景

1. 苏堤春晓

苏堤俗称苏公堤,苏堤春晓为西湖十景之首。是一条贯穿西湖南北风景区的林荫大堤,苏堤南起南屏山麓,北到栖霞岭下,全长近3千米,堤宽平均36米。宋朝苏轼任杭州知府时,疏浚西湖,取湖泥葑草堆筑而成。沿堤栽植杨柳、碧桃等观赏树木以及大批花草,还建有6座单孔石拱桥,堤上有映波、锁澜、望山、压堤、东浦、跨虹六桥,古朴美观。

2. 曲苑风荷

曲苑风荷位于西湖西侧,岳飞庙前面。南宋时,此有一座官家酿酒的作坊,取金沙涧的溪水造曲酒,闻名国内。附近的池塘种有菱荷,每当夏日风起,酒香荷香沁人心脾,因名"曲苑风荷"。

3. 平湖秋月

平湖秋月,西湖十景之一,位于白堤西端,孤山南麓,濒临外西湖。凭临湖水,登楼眺望秋月,在恬静中感受西湖的浩渺,洗涤烦躁的心境,是它的神韵所在。西湖景色是广大的立体山水景色,有景在城中立,人在画里游的美誉,游客不论站在哪个角度,看到的都是一幅素雅的水墨江南图卷,平湖望秋月更是楼可望,岸可望,水可望。古今皆有赞叹平湖秋月的诗词传世,也有平湖秋月的相关乐曲。

4. 断桥残雪

断桥是白堤的东起点,正处于外湖和北里湖的分水点上。"断桥"之名起于唐代诗人张祜"断桥荒藓涩"之句,又因孤山之路到此而断,故名"断桥"。中国四大民间传说之一的《白蛇传》故事,发生于此地。旧时石拱桥上有台阶,桥中央有小亭,冬日雪霁,桥上向阳面冰雪消融,阴面却是玉砌银铺,桥似寸断,又似桥与堤断,构成了奇特的景观,因有"断桥残雪"之名。

5. 柳浪闻莺

柳浪闻莺位于西湖东南岸,南山路清波门附近。这里原为南宋皇帝的御花园——聚景园,园中原有"柳浪桥",沿湖遍植垂柳,密密柳丝仿佛在湖边挂起绿色幔帐。春风吹拂,碧浪翻飞,浓荫深处时时传来呖呖莺声。因而名为"柳浪闻莺"。现扩建为夜公园,面积从原来的一隅之地扩大为17万平方米,全园分为友谊、闻莺、聚景和南园4个景区。闻莺馆中新添了"百鸟天堂",百鸟飞翔其中,莺歌燕舞。公园内绿草如茵,繁花似锦。

6. 花港观鱼

"花港"之名从何而来呢?据记载,从前在西山大麦岭后的花家山麓,有一条清澈的小溪流经此处注入西湖,因名"花港"。至于"花港观鱼"的名目,源于宋朝。宋时有个内侍官叫卢允升,在这花家山下的花港

侧畔建造了一座富丽堂皇的花园别墅,名叫"卢园"。他在园内广种奇花异草,蓄养了数十种异种鱼。到了南宋宁宗年间,宫迁画师祝穆、马远等创立西湖十景名目时,就把卢园也列入其中一景,题名"花港观鱼"。

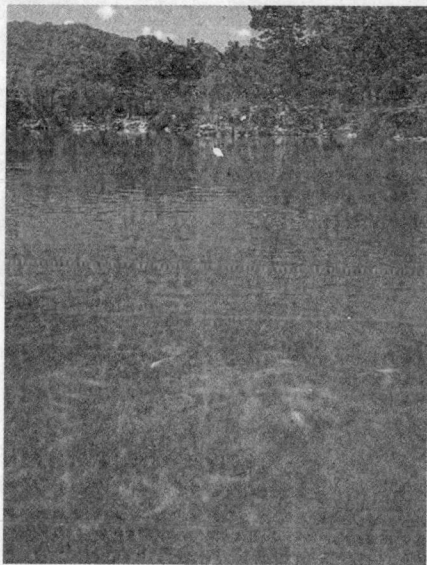

7. 雷峰夕照

雷峰夕照,为西湖十景之一,位于西湖南面、净慈寺前的夕照山上。

雷峰塔建于五代(975年),是吴越国王钱弘俶为庆祝黄妃得子而建,初名黄妃塔。因建在当时的西关外,故又称为西关砖塔。原拟建13层,后因财力所限,只造了5层。明代嘉靖时,倭寇入侵,疑心塔内有伏兵,纵火焚塔,仅存塔心。雷峰塔之所以远近闻名,与民间传说《白蛇传》有关。相传,法海和尚曾将白娘子镇压在塔下。然而,1924年9月25日下午,雷峰塔却自然倒塌。倒塌原因,据说一是自然风化;二是江浙农民烧香挖取塔砖,带回家驱怪辟邪,日久天长,雷峰塔自然倒塌了。

8. 双峰插云

巍巍天目山东走,其余脉的一支,遇西湖而分成南北两山,形成西湖风景名胜区的南山、北山。其中的南高峰与北高峰,古时均为僧人所占,山巅建佛塔,遥相对峙,耸然高于群峰之上。春秋佳日,岚翠雾白,塔尖入云,时隐时现,远望气势非同一般。南宋时,两峰插云列为西湖十景之一,清康熙帝改题为双峰插云,建景碑亭于洪春桥畔。其时双峰古塔毁坏已久,因此此景原有的内涵也一度难为人知。设景碑亭于此,实为权宜之计。

9. 南屏晚钟

南屏晚钟，也许是西湖十景中问世最早的景目。北宋末，赫赫有名的画家张择端曾经画过《南屏晚钟图》。尽管此图远不如他的《清明上河图》那么蜚声画坛，但却被记载于明人《天水冰山录》中。南屏山，绵延横陈于西湖南岸，山高不过百米，山体延伸却长达千余米。山上怪石嶙峋，绿树掩映。晴天，满山岚翠在蓝天白云的衬托下秀色可餐，遇雨雾天，云烟遮遮掩掩，山峦好像翩然起舞，缥缈空灵，若即若离。后周显得元年（954 年），钱弘俶在南屏山麓建佛寺——慧日永明院，后来成为与灵隐寺并峙于南北的西湖两大佛教道场之一的净慈寺。

这座净慈寺饱经沧桑。寺内有宗镜堂、慧日阁、济祖殿、运木井等古迹，寺门前有放生池。寺院原有铜钟一口，每天傍晚，深沉、浑厚的钟声在苍烟暮霭中回响，山回谷鸣，使人发出悠远的沉思，"南屏晚钟"因此得名。南屏山麓另一座著名的佛刹——兴教寺始建于北宋开宝五年，它曾是佛教天台宗山家派的大本营，晨钟暮鼓，香烟烛光，南屏山从此添了"佛国山"的别称。

10. 三潭印月

三潭印月的景观享誉中外。三潭印月园地是明万历三十五年(1607年)以湖泥堆积而成,周围环形堤埂筑于万历三十九年。清雍正五年(1727年),南北连以曲桥,东西系以柳堤。面积7万平方米,俯视呈田字形,素以"湖中有岛,岛中有湖"的水上园林而著称。园内花木扶疏,倒影迷离,置身其间,有一步一景,步移景异之趣。

三潭印月岛是西湖中最大的岛屿，风景秀丽、景色清幽。又名三潭印月，有"小瀛洲"之称，岛内园林精雅，风景如画，名列西湖十景，尤以仲秋时节空中月、水中月、塔中月与赏月人心中各有寄托的"明月"上下辉映而向为秋游者所流连。

从岛北码头上岸，经过先贤祠等两座建筑，即步入九曲平桥，桥上有开网亭、迎翠亭、花架亭、御碑亭4座造型各异的亭子，让人走走停停，歇歇看看，或谈笑，或留影，流连其中，饱览美景。九曲桥东，隔水与一堵白粉短墙相望。墙两端了无衔接，形若屏风。但粉墙上装饰4只花饰精美的漏窗，墙内墙外空间隔而不断，相互渗透。墙外游人熙熙攘攘，墙内却幽雅宁静，咫尺之间，意趣却大相径庭。

佛教中的著名寺院——灵隐寺

灵隐寺建于326年，是我国禅宗十刹之一。灵隐寺建筑雄伟，气势宏大。

灵隐寺前的飞来峰石刻佛像有470多尊。造型生动，各具特色。灵隐寺距今已有1680多年历史，又名云林寺。印度僧人慧理来此，见山峰奇秀，以为是"仙灵所隐"，于此建寺，取名灵隐。寺内大雄宝殿是一座单层重檐的三叠建筑,高达30多米,雄伟庄重。

殿中的释迦牟尼像,端坐莲台,面白发蓝,体态丰盈,慈祥和蔼,高20米,由24块香樟木雕成,金光灿烂;背壁的"海岛佛山"雄伟壮观,所塑150多个大小佛像,栩栩如生,姿态各异,展现了佛教"慈航普度""五十三参"的故事。大雄宝殿前为天王殿。中供布袋弥勒,大肚能容,笑口常开;两侧四大天王,像高8米,神采飞扬。大雄宝殿后为药师殿、藏经阁和华恶殿。寺东为铜铸五百罗汉堂,分外瞩目。灵隐寺周围,古木参天,绿荫掩映下,还有冷泉、壑雷、春淙、翠微等亭阁以及涧桥,各有千秋。冷泉亭以冷泉得名;壑雷亭建于宋朝,取苏东坡"不知水从何处来,跳波赴壑如奔雷"诗意而名;春淙亭建于明代,亦取苏东坡"两涧春淙一灵鹫"诗而命名。亭前的理公塔是慧理的埋骨处。灵隐景区已成为集历史文化、佛教艺术、民俗风情、观光休闲为一体的佛教圣地和旅游景区。

三生石上许姻缘

在杭州灵隐飞来峰和莲花峰脚下,三天竺法镜讲寺后的密林深处静静耸立着几块不起眼的大石头,这就是佛教传说中的"三生石"。三生是佛教用语,指的是人的前生、今生和来生。其中一块刻有唐圆泽和尚三生石迹的碑文。碑文讲述了一段生死之交的感人至深的故事。故事最早见于《太平广记》:唐朝名士李源与洛阳惠林寺的圆泽和尚是知音,一次两人同游峨眉山,途中圆泽辞世,死前与李源约定13年后的中秋之夜相见于杭州的天竺寺外。13年后李源信守诺言,专程赴杭州践约,见一牧童骑牛而至,口唱竹枝词:"三生石上旧精魂,赏月临风不要论。惭愧情人远相访,此身虽异性常存。"然后牧童消失在茫茫月夜。

后来"三生石"发展成为恋人们"缘定三生"的必到之地。

人工痕迹浓郁的园林——杭州植物园

杭州植物园,位于杭州西湖之西北,灵隐和玉泉间的丘陵地上。原是一片野草丛生、坟冢累累的荒僻之域。1956年建植物园,是中国植物引种驯化的科研机构之一,总面积231.7万平方米。园内地势西北高,东南低,中间多波形起伏。海拔10～165米之间,丘陵与谷地相间,大小水池甚多,土壤属红壤和黄壤,肥力适中。是一所具有公园外貌、科学内涵,以科学研究为主,并向大众开放,进行植物科学和环境科学知识普及的地方性植物园,隶属于杭州市园林文物管理局。

　　园内建有植物分类区、经济植物区、观赏植物区、竹类植物区等专类园区以及科研、科普、旅游和生产服务的众多设施。

　　杭州植物园的园徽图案由树与水两部分组成。以壳斗科、樟科、木兰科等亚热带阔叶树的轮廓为树之造型,体现了杭州植物园地处亚热带季风气候区的植被特征。大树与小树相互依偎的组合,既是园内植被丰富繁茂的简洁表现,又是杭州植物园的精华——植物分类区的浓缩,同时还寓意植物园人老少相偕的"传帮带"精神。树的线条似烈焰冉冉上升,体现了杭州植物园蒸蒸日上、蓬勃发展的势头和植物园人积极向上的精神风貌。树下方流动的蓝色水体线条，点出了杭州植物园地处江南水乡且位于西湖之滨的地域特征，也代表了杭州植物园内众多的水体和以泉水闻名的经典景点——玉泉，同时还寓意杭州植物园奔腾不息的旺盛生命力。图案整体造型简洁明快、线条柔和、色彩和谐，突出了杭州植物园的"绿色"、"生态"、"和谐"、"科学"的主题。

园林中奇景——虎跑泉

杭州市西南大慈山白鹤峰下虎跑寺内有一园林中的奇景——"虎跑泉"。泉眼在方池井中，水清冽，可烹茶。上有虎跑亭供游人休憩。明嘉靖年间袁继祖重砌方池，改名"万古长青池"，故虎跑亭又称"万古长青亭"。池旁石壁上嵌有"虎跑泉"三字碑刻，为明崇祯年间镇江知府程峋所书。

相传昭明太子初来招隐山时，饮水十分困难。有一天太子在山坡上

漫步,突然间风声乍起,林间蹿出一只猛虎。太子大吃一惊,急忙抽身躲避。说时迟那时快,只见那虎纵身扑过来落在太子脚边,前爪一阵猛刨留下一个深坑复又咆哮而去。刹那间坑内便有清泉汩汩涌出。太子大喜,遂名之曰"虎跑泉"。

第八章 人间仙境——承德避暑山庄

承德避暑山庄，中国古代帝王宫苑，清代皇帝避暑和处理政务的场所。位于河北省承德市北部。始建于 1703 年，历经清康熙、雍正、乾隆三朝，耗时 89 年建成。与全国重点文物保护单位颐和园、拙政园、留园并称为中国四大名园。1994 年 12 月，避暑山庄及周围寺庙（热河行宫）被列入《世界文化遗产名录》。2007 年 5 月 8 日，承德避暑山庄及周围寺庙景区经国家旅游局批准正式成为国家 5A 级旅游景区。

承德避暑山庄曾是中国清朝皇帝的夏宫，距离北京 180 千米，是由皇帝宫室、皇家园林和宏伟壮观的寺庙群所组成。避暑山庄的建筑布局大体可分为宫殿区和苑景区两大部分，苑景区又可分成湖区、平原区和山区三部分。内有康熙乾隆钦定的 72 景。拥有殿、堂、楼、馆、亭、榭、阁、轩、斋、寺等建筑 100 余处，是中国三大古建筑群之一，它的最大特色是山中有园，园中有山。避暑山庄兴建后，清帝每年都用大量时间在此处理军政要事,接见外国使节和边疆少数民族政教首领。这里的重要遗迹和重要文物以及发生的一系列重要事件,成为中国多民族统一国家最后形成的历史见证。

承德避暑山庄及周围寺庙是一个紧密关联的有机整体,同时又具有不同风格的强烈对比。由于存在众多群体的历史文化遗产,使避暑山庄及周围寺庙成为全国重点文物保护单位、全国十大名胜和44处风景名胜保护区之一,承德也因此成为全国首批24座历史文化名城。

清朝皇帝十分钟情于承德避暑山庄,正如陈运和的诗《承德避暑山庄》所写:"盛夏,一个大清朝廷全搬到承德。严冬,一座帝王江山又运回京宅。搬河的搬河,运岳的运岳,皇宫与避暑,圣旨与奏折,一齐挪动窝。"与北京紫禁城相比,避暑山庄以朴素淡雅的山村野趣为格调,取自然山水之本色,吸收江南塞北之风光,成为中国现存占地最大的古代帝王宫苑。

皇家关帝庙

关帝庙俗称武庙,位于避暑山庄丽正门西南侧宫墙外 20 米处,始建于清雍正十年(1732 年),是中国唯一的皇家关帝庙。关帝庙曾于乾隆二十五年扩建两侧跨院,乾隆四十三年重修,形成最后的格局,使这座寺庙更加符合皇家寺庙的建筑规模和等级。新庙落成,乾隆题御匾"忠仪伏魔",立御碑两座,并亲自进庙拈香瞻礼。重修后的关帝庙气势更加宏伟辉煌、设置更加完备。自此,这里不仅是朝廷官员、各族首领和外国使者来热河点香礼佛的重要庙宇,也是行辕之地。历时几百年的沧桑,关帝庙已成为残垣断壁。直至 2002 年,重建和修复大小殿宇 20 多间,恢复塑像 40 多尊,主要供奉关圣帝君,分别建有三清殿、财神殿、药王殿、圣母殿等。关帝庙内的两座御碑,均为英武岩石质,碑首四条蟠龙,龙头降于四角,碑首中刻有"御笔",碑身雕刻 12 条龙。

承德磬锤峰国家森林公园

磬锤峰俗名"棒槌山",古称"石挺",位于承德市区东北部武烈河东岸的山巅之上,耸立于避暑山庄正东 5000 米多高的山冈上,距市区约

2.5千米,下悬绝壁,上接蓝天,形势险峻。峰状上粗下细,形似棒槌,海拔596米,下部直径10.7米,上部直径15.04米,高38.29米,连同棒槌底下突起的基座高60米。棒槌半腰有棵桑树,名"蒙桑(也称崖桑)",高3米,直径约30厘米,大约有300年历史,结白桑葚,又肥又大。300年来,石峰、蒙桑相依为伴,蒙桑赖石峰生存,石峰因蒙桑生趣。磬锤峰见于文字记载已有1500年历史了,北魏地理学家郦道元在《水经注》中记载:"濡水(今滦河)又东南流,武列水入焉,其水三派合……东南历石挺下。挺在层峦之上,孤石云举,临崖危峻,可高百余仞。牧守所经,命选练之士,弯弓弧矢,无能届其崇标者。"磬锤峰北300米处有一石崖,清代搭有一个小庙,庙内石壁上有摩崖石刻,从北至南依次是:弥勒佛、七世达赖(格桑嘉错)、宗喀巴、五世班禅(罗桑依西)、不动金刚、米拉日巴、吉祥天母。磬锤峰东北山坡还有石幢。

避暑山庄的营建

避暑山庄的营建大体分为两个阶段。

第一阶段:从康熙四十二年(1703年)至康熙五十二年(1713年),开拓湖区、筑洲岛、修堤岸,随之营建宫殿、亭树和宫墙,使避暑山庄粗具规模。康熙皇帝选园中佳景以四字为名题写了"三十六景"。

　　第二阶段:从乾隆六年(1741年)至乾隆十九年(1754年),乾隆皇帝对避暑山庄进行了大规模扩建,增建宫殿和多处精巧的大型园林建筑。乾隆仿其祖父康熙,以三字为名又题了"三十六景",合称为"避暑山庄七十二景"。

　　康熙二十年(1681年),清政府为加强对蒙古地方的管理,巩固北部边防,在距北京350多千米的蒙古草原建立了木兰围场。每年秋季,皇帝带领王公大臣、八旗军队,乃至后宫妃嫔、皇族子孙等数万人前往木兰围场行围狩猎,以达到训练军队、固边守防之目的。为了解决皇帝沿途的吃、住,在北京至木兰围场之间,相继修建21座行宫,热河行宫——避暑山庄就是其中之一。避暑山庄及周围寺庙自康熙四十二年(1703年)动工兴建,至乾隆五十七年(1792年)最后一项工程竣工,历时89年。在英法联军攻打北京时,咸丰皇帝就带着一批大臣逃到了这里。

康熙五十二年至乾隆四十五年（1713～1780年），伴随避暑山庄的修建，周围寺庙也相继建造起来。

清朝的康熙、乾隆皇帝，每年大约有半年时间要在承德度过，清前期重要的政治、军事、民族和外交等国家大事，都在这里处理。因此，承德避暑山庄也就成了北京以外的陪都和第二个政治中心。乾隆在这里接见并宴赏过诸多重要人物，还在此接见过以特使马戈尔尼为首的第一个英国访华使团。清帝嘉庆、咸丰皆病逝于此。1860年，英法联军进攻北京，清帝咸丰逃到避暑山庄避难，在这座房子里批准了《中俄北京条约》等几个不平等条约。影响中国历史进程的"辛酉政变"亦发端于此。随着清王朝的衰落，避暑山庄日渐败落。

独一无二的布局

避暑山庄分宫殿区、湖泊区、平原区、山峦区四大部分。宫殿区位于湖泊南岸，地形平坦，是皇帝处理朝政、举行庆典和生活起居的地方，占地10万平方米，由正宫、松鹤斋、万壑松风和东宫四组建筑组成。湖泊区在宫殿区的北面，湖泊面积包括洲岛约占43万平方米，有8个小岛屿，将湖面分割成大小不同的区域，层次分明，洲岛错落，碧波荡漾，富有江南鱼米之乡的特色。东北角有清泉，即著名的热河泉。平原区在湖区北面的山脚下，地势开阔，有万树园和试马埭，是一片碧草茵茵，林木茂盛，茫茫草原风光。山峦区在山庄的西北部，面积约占全园的五分之四，这里山峦起伏，沟壑纵横，众多楼堂殿阁、寺庙点缀其间。整个山庄东南多水，西北多山，是中国自然地貌的缩影。

西部平原区绿草如茵，一派蒙古草原风光；东部古木参天，具有大兴安岭莽莽森林景象。在避暑山庄东面和北面的山麓，分布着宏伟壮观的寺庙群，这就是外八庙，其名称分别为：溥仁寺、溥善寺（已毁）、普乐寺、安远庙、普宁寺、须弥福寿之庙、普陀宗乘之庙、殊像寺。外八庙以汉式

宫殿建筑为基调,吸收了多个民族建筑艺术特征,创造了中国的多样统一的寺庙建筑风格。

避暑山庄整体布局巧用地形,因山就势,分区明确,景色丰富,与其他园林相比,有其独特的风格。山庄宫殿区布局严谨,建筑朴素,苑景区自然野趣,宫殿与天然景观和谐地融为一体,达到了回归自然的境界。山庄融南北建筑艺术精华,园内建筑规模不大,殿宇和围墙多采用青砖灰瓦、原木本色,淡雅庄重,简朴适度,与京城故宫的黄瓦红墙、描金彩绘、堂皇耀目呈明显对照。山庄的建筑既具有南方园林的风格、结构和工程做法,又多沿袭北方常用的手法,成为南北建筑艺术完美结合的典范。避暑山庄不同于其他的皇家园林,它继承和发展了中国古典园林"以人为之美入自然,符合自然而又超越自然"的传统造园思想,按照地形地貌特征进行选址和总体设计,堪称经典。它是中国园林史上一个辉煌的里程碑,是中国古典园林艺术的杰作,享有"中国地理形貌之缩影"和"中国古典园林之最高范例"的盛誉。

帝王苑囿与皇家寺庙的结晶

　　承德避暑山庄及周围寺庙是中国现存最大的古代帝王苑囿和皇家寺庙群。最大的特色是它园中有山,山中有园。避暑山庄不仅规模宏大,而且在总体规划布局和园林建筑设计上都充分利用了原有的自然山水的景观特点和有利条件,吸取唐、宋、明历代造园的优秀传统和江南园林的创作经验,加以综合、提高,把园林艺术与技术水准推向了空前的高度,成为中国古典园林的最高典范。

　　宫殿区建于南端,是皇帝行使权力、居住、读书和娱乐的场所,至今珍藏着两万余件皇帝的陈设品和生活用品。避暑山庄这座清帝的夏宫,以多种传统手法,营造了120多组建筑,融汇了江南水乡和北方草原的特色,成为中国皇家园林艺术荟萃的典范,帝王苑囿与皇家寺庙建筑经验的结晶。它成为与私园并称的中国两大园林体系中帝王宫范体系中的典范之作。园林建造实现了"宫"与"苑"形式上的完美结合和"理朝听政"与"娱乐游玩"功能上的高度统一。寺庙建筑具有鲜明的政治功用。避暑山庄及周围寺庙,标志中国古代造园与建筑艺术的巨大成就。它集中国古代造园艺术和建筑艺术之大成,是具有创造力的杰作。在建筑上,它继承、发展、并创造性地运用各种建筑技艺,撷取中国南北名园名寺的精华,仿中有创,表达了"移天缩地在君怀"的建筑主题。在园林与寺庙、单体与组群建筑的具体构建上,避暑山庄及周围寺庙实现了中国古代南北造园和建筑艺术的融合,它囊括了亭台阁寺等中国古代大部分建筑形象。展示了中国古代木架结构建筑的高超技艺,并实现了木架结构与砖石结构、汉式建筑形式与少数民族建筑形式的完美结合。加之建筑装饰及佛教造像等中国古代最高超技艺的运用,构成了中国古代建筑史上的奇观。避暑山庄及周围寺庙不论是造园还是建筑,它们都不仅仅是素材与技艺的单纯运用,而是把中国古典哲学、美学、文学等多方面文化的内涵融注其中,使其成为中国传统文化的缩影。避暑山庄周围寺庙的建筑风格使汉、藏文化艺术融于一体,寺庙殿堂中,完好地保存和供奉着精美的佛像、法器等近万件,共同构成了18世纪中国古代建筑富于融合性和创造性的杰作。

避暑山庄及周围寺庙是一个紧密关联的有机整体,同时又具有不同风格的强烈对比,避暑山庄朴素淡雅,其周围寺庙金碧辉煌。这是清帝处理民族关系的重要举措之一,记载着清朝统一和团结的历史。

对承德避暑山庄的保护和修缮

承德避暑山庄及周围寺庙是世界文化遗产和我国现存最大的古典

皇家园林。新中国成立以来,承德不断加强对它们的保护和修缮,避暑山庄重现了皇家园林意境,外八庙再现了昔日的雄姿。"十二五"期间,国家还要投入6亿元实施避暑山庄及周围寺庙文化遗产保护工程,文物将按照清代的工序工艺修缮如旧,力求"原汁原味"。这是我国继西藏布达拉宫历史建筑群保护工程、长城保护工程之后的又一重大文物保护工程,也是新中国成立以来投资数额最大的单项文物保护工程。目前,各项修缮工程已经有序展开,部分工程已经竣工。新中国成立之后,避暑山庄及周围寺庙的保护工作得到党和政府的高度重视,中央领导多次就其保护作出重要批示。1953年,文化部发出《关于保护热河承德古建筑及文物的通知》。1961年,国务院将避暑山庄及周围寺庙中的普宁寺、普乐寺、普陀宗乘之庙、须弥福寿之庙列为第一批全国重点文物保护单位。从1976年到2006年,国务院先后批准实施了三个《避暑山庄外八庙十年整修规划》,明确了以"抢救和整修"为主的保护原则,国家和地方政府相继投入几亿元专项资金用于古建维修和园林整治,并投入大量资金用于文物保护区周围环境的综合整治。

三个十年整修规划对避暑山庄及周围寺庙进行了抢救性修缮,使一批珍贵的文物资源得到了抢救和保护,避暑山庄内康乾72景由仅存的

17景恢复到55景,迁出了景区内外大量单位和住户,使避暑山庄及周围寺庙的内外环境得到极大的改善。但是,受到当时的经济条件、技术力量和保护理念等局限,整个遗产保护只是做到了"救命",还没有达到"治本"的目的。

第九章 十大园林之一——浙江绮园

绮园为中国十大名园之一,位于浙江省海盐县武原镇,占地约为1万平方米。该园原为明代废园,后冯氏在此建园,人称冯家花园,为江南典型私家园林风格。

绮园的形成与发展

绮园园主冯缵斋系清代诗人、剧作家黄燮清之次婿,黄家先后拥有拙宜园和砚园,黄燮清将两园作为次女黄秀陪奁。清咸丰年间(1851～1861年),两园均遭兵火毁坏。同治六年,冯缵斋集两园山石精粹,并添置一些太湖石,修筑此园,同治十年粗具规模。后又续建了亭台楼阁等,增设景点,并将其命名为绮园,意为"妆奁绮丽"。新中国成立后冯缵斋后人将园林献给了国家,1960年10月至1961年10月辟为嘉兴专署工人疗养院。1967年重修,更名为海盐人民公园。1980年被列为县级重点文物保护单位,1985年6月复名绮园,1990年被列为省重点文物保护单位。

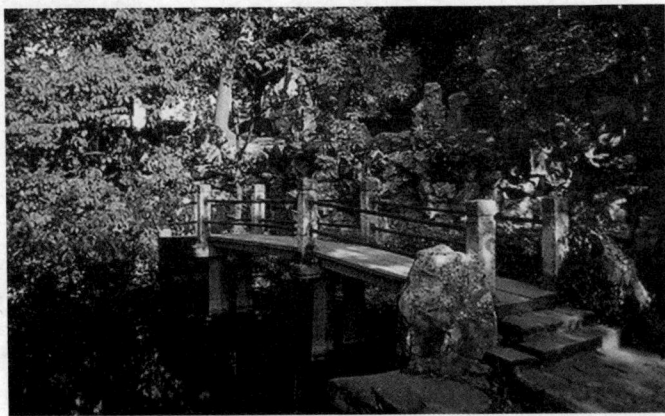

绮园的内部结构

绮园前为宅院,现存三乐堂等建筑。三乐堂为九开间二层楼,前后皆天井。所谓"三乐","仰无愧于天,俯无愧于人,一乐也;父母兄弟俱在,二乐也;聚天下英才而教育之,此三乐也"。陈从周教授为三乐堂题额。宅后为园林,占地 10000 平方米,水面约 2000 平方米,树木遮盖约 7000 平方米。园内以树木山池为主,古木参天,山、水、竹、木、厅、亭、阁、桥、隧道、飞梁等布局精美,错落有致。山水各得其宜。进园为一座四面轩敞的花厅"树百堂"。堂前一湾流水,绕堂围山东流,穿洞至山后大池。堂前池上架有曲桥,与隔水相望的堤岸、假山相映成趣。堂后有小山,山上怪石嶙峋。堂西北面有一奇石"美女照镜","镜"者,石颈项处有一圆孔,清晨,孔中光耀四射流光如镜;"美人"者,一喻石之美,二喻游人情绪之美,游人观景如美人照镜。山后池水清澈如镜,池东岸有"醉吟亭";西北有"临波水榭",过虹桥沿堤向北,路随山转,古藤匍匐,竹径磴道,盘旋而上,山顶有"小隐亭",为全园最高点。

绮园的文化与艺术价值

　　绮园整个园林的建造,妙用了"水随山转,山因水活"的叠山理水的手法。其特点是以树木山池为主,略点缀建筑,与今日以风景为主的造园手法相近;园自成一区,不附属于住宅区;用大面积水域,以聚为主,散为辅;大假山前后皆有丘壑,与苏州园林因面积小而略其背面的做法不同。园从西侧入口,中建花厅,前架曲桥,隔池筑假山,水绕厅东流向北,布局与苏州拙政园相近,水穿洞至后部大池。园内有潭影九曲、蝶来滴翠、晨曦罨画、海月小隐、古藤盘云、幽谷听琴、风荷夕照、美人照镜、百鸟鸣春、泥香三乐等景点。其游径由山洞、暗道、飞梁、小船及低于地面的隧道等组成,构成了复杂的迷境,为江南园林所独有。园内假山分成前、中、后三区,有"横看成岭侧成峰"的诗境。园内建筑"潭影轩""小隐亭""滴翠亭""风荷轩"为建园点缀,更为游人提供休憩之处。园内小桥有九曲桥、四剑桥、罨画桥连接山水,更构成独立的景致。如罨画桥为石拱桥,将园中湖水分为两界,拱旁有联"两水夹明镜,双桥落彩虹",与周边景物构成如诗画境。园南住宅"三乐堂",为白墙黑瓦的典型江南民居,与园林相得益彰。

　　绮园规模较大,保存较好,是不可多得的造园佳构。在浙江现有的私家古典园林中实属代表之作。

第十章 广东名苑——清晖园

清晖园,位于广东省顺德区大良镇清晖路,地处市中心,故址原为明末状元黄士俊所建的黄氏花园,现存建筑主要建于清嘉庆年间。园取名"清晖",意为和煦普照之日光,喻父母之恩德。园林经龙氏数代——龙应时、龙廷槐、龙元任、龙景灿、龙渚惠等五代人多次修建,逐渐形成了格局完整而又富有特色的岭南园林。清晖园与佛山梁园、番禺余荫山房(或称余荫山房)、东莞可园并称为广东四大名园,也是岭南园林的代表作,为省级文物保护单位。

清晖园全园构筑精巧,布局紧凑。建筑艺术颇高,蔚为壮观,建筑物形式轻巧灵活,雅致朴素,庭园空间主次分明,结构清晰。整个园林以尽显岭南庭院雅致古朴的风格而著称,园中有园,景外有景,步移景换,并且兼备岭南建筑与江南园林的特色。现在的清晖园,集明清文化、岭南古园林建筑、江南园林艺术、珠江三角洲水乡特色于一体,是一个如诗如画、如梦如幻的迷人胜地。

　　园内有大量装饰性和欣赏性的陶瓷、灰塑、木雕、玻璃。园内妙联佳句俯仰可拾,名人雅士音韵尚存,艺术精品比比皆是,令人流连忘返。园林艺术处理颇具匠心。园内叠石假山,曲水流觞,曲径回廊,景趣盎然。闲步曲桥,喜看金鲤碧波嬉戏;徐行花径,好赏绿树花香扑面。园内时而传出袅袅弦歌,听一粤曲,令人心清耳悦,如醉如痴。园内保存的一套清朝乾隆年间评定的"羊城八景",就是一套目前仅存于世的清代旧羊城八景套色雕刻玻璃珍品,已被初步鉴定为国家一级保护文物。

清晖园的历史变迁

　　清晖园原为明朝黄士俊宅第,明万历三十五年(1607年),顺德区杏坛镇人黄士俊高中状元,官至礼部尚书、大学士。为了光宗耀祖,于明天启元年,在城南门外的凤山脚下修建了黄家祠和天章阁、灵阿之阁。后黄家衰落,庭院荒废,清乾隆年间,当地龙氏龙应时中进士,将天章阁、灵阿之阁购进。

该院归龙家后,由龙应时传与其子龙廷槐和龙廷梓,后来龙廷槐、龙廷梓分家,庭院的中间部分归龙廷槐,而左右两侧为龙廷梓所得。其中龙廷梓将归他的左、右两部分庭院建成以居室为主的庭园,称为"龙太常花园"和"楚芗园",俗称左、右花园。南侧的龙太常花园在园主衰落后,卖给了曾秋樵,其子曾栋在此经营蚕种生意,挂上"广大"的招牌,故又称广大园。

龙应时长子龙廷槐字澳堂,大良人氏,于清乾隆五十三年(1788年)考中进士,曾任翰林院编修,候补御史。嘉庆五年(1800年)辞官南归,筑园奉母。嘉庆十一年(1806年),其子龙元任请了江苏武进进士——书法家李兆洛书写了"清晖园"三字挂在园的正门上方,以喻父母之恩如日光和煦照耀。其后,经龙廷槐之孙龙景灿,曾孙龙渚慧一门数代的继续精心营建,几经修改加工,至民国初年,全园格局始臻定型。抗日战争期间,龙氏家人避居海外,庭院日趋残破。

1959年,中共广东省委书记陶铸莅临视察,深为关注,批专款予以重点保护,同年县政府重修扩建清晖园,与左右的楚香园、广大园(均为龙应时后裔所建)合并,面积由3000多平方米扩大到近万平方米。从1996年起,顺德区委、区政府鉴于其历史、艺术和观赏价值,投入了大量的人力、物力、财力对清晖园进行再度兴工扩建,恢复旧制,以重现名园精髓,以接待海外广大游客,增加了凤来峰、读云轩、留芬阁、红蕖书屋等多处建筑景点。

清晖园的造园特色

清晖园首先注重了园林的实用性,为适合南方炎热气候,形成前疏后密、前低后高的独特布局,但疏而不空,密而不塞,建筑造型轻巧灵活,开敞通透。

其次,清晖园内景致清雅优美,龙家故宅与扩建新景融为一体,利用碧水、绿树、粉墙、漏窗、石山、小桥、曲廊等与亭台楼阁交互融合,造型构筑别具匠心,花卉果木葱茏满目,艺术精品俯仰即拾,集我国古代建筑、园林、雕刻、诗画、灰雕等艺术于一体,突显出我国古园林庭院建筑中"雄、奇、险、幽、秀、旷"的特点。

清晖园主要景点

清晖园主要景点有船厅、碧溪草堂、澄漪亭、六角亭、惜阴书屋、竹苑、斗洞、狮山、八角池、笔生花馆、归寄庐、小蓬瀛、红蕖书屋、凤来峰、读云轩、留芬阁等,造型构筑各具情态,灵巧雅致,建筑物之雕镂绘饰,多以岭南佳木花鸟为题材,古今名人题写之楹联匾额比比皆是,大部分门窗玻璃为清代从欧洲进口经蚀刻加工的套色玻璃制品,古朴精美,品味无穷。

在花木配置方面,园内花卉果木逾百种,除了岭南园林常用的果树,还栽种了苏杭园林特有的紫竹、枸骨、紫藤、五针松、金钱松、羽毛枫等,并从山东等地刻意搜集了龙顺枣、龙爪槐等北京树种,品种丰富。其中银杏、沙柳、紫藤、龙眼、水松等古木树龄已有百年有余,一年四季,葱茏

满目，与古色古香之楼阁亭榭交相掩映，徜徉其间，步移景换，令人流连忘返。

进门为竹苑，穿过右边假山，便是"归寄庐"。清晖园的主体建筑是船厅。船厅前有两口池塘，似将楼船浮在水中，船尾有丫鬟楼，船头栽有一株沙柳，柳边有一紫藤，犹如一条缆绳。每逢阳春三月，绽出朵朵紫蓝色小花，香气袭人。船厅后边，还有一株白木棉树，以其花淡黄近白而称奇，因为木棉树一般开红花。另有一棵百年银杏，单株结果，也很奇特。

畅游清晖园

清晖园的荷塘南角有一小门厅，这便是古时清晖园的入口。从华盖里直街横折，走一段路程，便可来到古时清晖园门前。门厅上至今还悬挂着一块清代书法大家何绍基题写的"清晖园"牌匾，牌匾古朴，"清晖园"三字笔力遒劲，实为大家风范，仰慕之情不禁油然而生。

进入园门，再出稍显狭窄的门厅，景象豁然顿开，纵目四顾，已身处澄漪亭挑廊之上。推窗望去：一方荷塘清凉扑面，三两飞燕掠碧而去。看水中：百龄龙眼树如大伞遮蔽房舍，又用投影把池面刷上大片墨绿，平生出习习凉意。低头细看：水质清澄，水面平静，微泛涟漪。岸边花枝含风，蕉叶弄影，忽听一阵粤音入耳，脑际间又多出些岭南水乡弥漫的情愫。

澄漪亭不但与船厅互为对景，还可平视高低错落而又有花树掩映的房舍亭院，以及东岸拱石凌空、枝叶疏遮密掩的花亭。更有花大如碗的玉堂春、堪称千年活化石的银杏树衬入眼帘，这里确实是待客品茗、赏荷寻景的好地方。对景，是园林造景的重要手法之一。在园林中赏景要注意各景点的题名、题字，一如《红楼梦》所言："若大景致，若干亭榭，无字标题，任是花柳山水，也断不能生色。"园林中的建筑之名，即是此景点观赏景致的提要。所以，名曰"澄漪亭"，观者大可使满目秀色入目，更要纳水中云天入怀。澄漪亭名为亭，实际上采用的却是典型的水榭做法：临水架起平台，平台部分架在岸上，部分伸入水中，平台上建有长方形的单体建筑，临水一面是常用落地门窗，开敞通透。观者既可在室内观景，也可到平台上游憩眺望。为何龙氏要将水榭名之为亭，难窥其原意，但是，龙氏不拘常理常出新意，还会表现在清晖园的其他方面。

清晖园早先应是龙氏供母之处，可能老人西去之后才定名"草堂"。理由是：孝字为先的龙氏总不至于把其母起居之所命名为"草堂"，这完全是文人士大夫隐逸归真、自然无为的心志表达；其次，谓之"堂"者，均是园林中的主要停留点，也是园主常用于待客的地方。所以，碧溪草堂极有可能是龙氏后来取名。

在碧溪草堂，设有一座镂空木雕圆光罩，其工艺精湛且古色生香；两侧玻璃屏门的裙板上，用隶书、篆书和鸟虫书体镌刻有48个形态各异的"寿"字，称为"百寿图"。通常"百寿图"都是由百字构成，而龙家子弟所作此"百寿图"偏偏只有96个"寿"字。个中原因大可由观者猜测，也许是龙氏故意给后人设的话资，也说不定能从中悟出些龙氏对儒道释的另类见解，不失为一文趣。草堂槛窗下嵌着一幅题为"轻烟挹露"的百年阴纹砖雕，刻有幽篁丛竹，刀法圆熟。砖雕题跋"未出土时先引节，凌云到处

也无心"，一表筑园者志向心迹。

六角亭与碧溪草堂之间以池廊相接，此亭多半是当年龙氏老母、小姐及女眷活动之处。亭边设有"美人靠"，既可"常倚曲阑贪看水"，也宜凭栏眺望，体味"荷塘听雨任东风"的情愫。池廊上的每道横梁都雕有精美的菠萝、杨桃、香蕉等岭南佳果，散发出浓郁的南粤风土气息。

中国古建筑的廊可分为直廊、曲廊、回廊、抄手廊、爬山廊、叠落廊、水廊、桥廊等形式。廊不仅作为个体建筑之间的联系通道，还起着组织景观、分隔空间、增加风景层次的作用。清晖园六角亭这组空间的池廊，廊的一面完全倚墙，被墙封闭，所以，称之为单面空廊。

沿池廊直出即抵达船厅。船厅也叫旱船、舫、不系舟，是中国园林模仿画舫的特有建筑。船厅的前半部多三面临水，船首常设有平桥与岸相连，类似跳板，令人身处其中宛如置身舟楫。清晖园的船厅纯为旱船，相传是模仿昔日珠江紫洞艇建成，它与南楼组群，借一廊桥连通，以百年紫藤相系，曲折通道两侧饰以水波纹，船舫神形已是皆有。船厅为二层楼屋，据说原是小姐绣阁，绣阁与南楼形成船的前舱后舱。在船厅门正面，雕有绿竹数竿，厅内花罩镂空成两排芭蕉图案。值得注意的是蕉下石头上雕刻得栩栩如生的蜗牛，惟妙惟肖，且在左顾右盼的视觉大餐之后，再

注目这毫纤小物，不由顿生另一番奇趣。

　　与船厅紧邻而建的惜阴书屋和真砚斋，一些介绍文章均认为是园主人做学问之处，实际上还可以有另一种理解：在园林深处（靠原后门），有专供园主人起居与做学问的两座院落——归寄庐、笔生花馆，从笔生花馆的体量与名称来看都更符合园主身份。因此，说惜阴书屋和真砚斋是供其公子、小姐们惜阴苦读的地方应该更合情理。

　　沿荷池东去，又是一种风光：曲径逶迤欲左先右，石引飞虹欲上先下；漫步寻芳迷眼目，闲庭信步，带一袖花香来到花亭下。"亭者，停也。"园林中每一亭轩既与其他景点成对景，又是值得停留的赏景点。花亭景象别开生面，虽然不能在此处题诗，却是最能激发创造灵感的去处。遥想当年龙家进士，也曾在"花亭"下著华章。

　　园主在庭园深处南楼后另辟一院落，名为"竹苑"。竹苑地幅狭长，却广植修篁。竹影婆娑应风入，蝉鸣短长景更幽；巷院尽处，玲珑壁山迥峰卷云，袖珍眼泉甘洌清甜；左厢是"笔生花馆"，进士秉烛伏案妙笔生花，右厢是"归寄庐"，龙氏卸任在此怡情。

　　过"竹苑"和"斗洞"，即来到由"归寄庐""小蓬瀛"与木楼组成的另一

院落。"归寄庐"与"小蓬瀛"直廊相接,"归寄庐"牌匾是均安镇上村(李小龙祖居)咸丰探花李文田所书。木楼房正面有一幅大型木浮雕,仙桃树枝繁叶茂,结着一百多个仙桃,树下蓬岛石山,芝兰飘逸,名为"百寿桃",是一件艺术珍品。清晖园的"百寿桃"与"百寿图","小蓬瀛"与寓意三神山的"斗洞"等,无不折射出园主祈福祉、求长寿的尚德心态。

清晖园占地面积不大，走完"归寄庐""小蓬瀛"院落就算游完了清晖园，但是，路已走完，其意并未尽矣。园林表层的艺术境界是"诗情画意"，如诗之绝句词之小令，以少胜多。

清晖园一鉴方塘的做法在江南园林中是罕见的，园林中叫作"理水"。理水同样出自画理，讲究有曲有源。而清晖园荷塘却能不囿常理，深池四壁，有高树廊房，抵挡华南炎暑，自得一派清凉，对全园气温都能起到调节作用。除此功能之外，水面开阔无目障，这就使得澄漪亭、碧溪草堂、六角亭、池廊、船厅、惜阴书屋、真砚斋和花亭等景点好似国画长卷一一展开。这种对景相成、步移景异的全景式空间，实在不宜把荷塘与船厅一带分作两段欣赏。赏园如赏诗，讲究"比、兴"，"采菊东篱下，悠然见南山"，南山与篱菊或缺一项，都难成为千古绝句。

清晖园之所以能在数亩之地造万千气象，让人目不暇接，构园者运用了小中见大、虚实相济、园中设园、延长游园路线等构园手段。清晖园在组织景观"序列关系"方面也是很成功的。澄漪亭、碧溪草堂、六角亭、池廊、船厅、惜阴书屋、真砚斋和花亭虽然都是单体建筑，但是运用池廊衔接、古树穿插、曲直途径相连，已经取得了实质性的空间联系，加上前面谈到的对景相成、步移景异的运用，又有了起承转合的景象组群。

清晖园美不胜收，使人大有"所至得其妙，心知口难言"之感。清晖园情真意趣，就在于师法自然，状物于似与不似之间，使人进入物我交融的境界。

第十一章 文化氛围浓厚的园林
——保定古莲花池

古莲花池,地处保定市内南市区,正门坐南朝北,总面积为 2.4 万平方米,其中池水面积 7900 平方米。池水以中心岛为界分为南北两塘,蜿蜒曲折的东西二渠将两塘沟通一体。南塘呈半月形,外围峭壁环峙,松柏滴翠。北塘呈不规则矩形,四周玉石堆岸,杨柳垂丝。这里原为张柔居所。

古莲花池是保定八景之一,称"涟漪夏艳",也是国家级文物保护单位,是全国十大名园之一。

莲池自古就环水置景,以水为胜,因荷得名。园中诸景小巧玲珑,优雅别致,拙中见巧,朴中有奇,汇集了中国南北古建筑园林风格的精华。莲池实为我国北方古代园林明珠,前人曾用"几疑城市有蓬莱"形容它,有"城市蓬莱"、"小西湖"之称。

古莲花池的历史渊源

古莲池初名雪香园,唐高宗上元二年(675年)在临漪亭的基础上建立。

蒙古太祖二十二年(1227年),元代汝南王张柔,重新修筑城垣,引水入城,疏浚河道,重修莲池。后为乔惟忠的私人宅地。因池内荷花茂盛,故名"莲花池"。

1284年被地震震毁,仅存深池清水,繁茂荷花。明朝后期,进行了一次较大规模的整修扩建。知府查志隆把莲池作为一面"水鉴",并令增建一门,上悬"水鉴公署"四字横匾,以激人励己。从此,莲花池成了达官贵人云集的场所,"水鉴公署"也成了莲池的别称。

雍正十一年(1733年),直隶总督李卫奉旨在莲池开办书院,一时间人才济济,扬名中外。莲池又辟为皇帝的行宫,乾隆、嘉庆、慈禧等帝后出巡,途经保定均在此驻跸。乾隆帝曾多次来这里并赋诗赞美莲花池。

1921年,徐世昌亲书了"古莲花池"横匾,该名沿用至今。

莲池园林以池为主体,临漪亭为中心,主要建筑有水东楼、藏书阁、藻咏厅、君子长生馆、响琴榭、高芬轩、寒绿轩及濯锦、不如、六幢、观澜等亭，宛虹桥、曲桥和元建白石桥等，构成"湖中有景，景中含诗"的优美画卷，使人领略到古典园林之美。古莲池园内琼楼玉阁，典籍文物，珠玑珍玩，以及奇花异卉，画舫楼船，尽托于山山水水之间，交织成画，交织成诗。山、水、楼、台、亭、堂、榭参差错落，组成了著名的莲池十二景。

"处处叹绝"的藻咏楼

藻咏楼坐落于南岛之西南，"前蠹峻岩，后临芳渚，池水三面环之，嘉木扶疏以映阶，灵石隈偊以延牖"。楼为马鞍形双重檐脊，底层红柱明廊，栏槛环绕。壁间字画琳琅，几上香熏冉冉。

由画廊复道可直接来到藻咏楼楼上，在此凭栏四望，园中诸景依次浮现眼前。从当年著名学者章学诚登楼赏景，谓为"步移影转，处处叹绝"的赞美中，道出了此楼的修造，在于综览全园的妙旨。由此进而可以想象，楼名"藻咏"的佳妙之处。藻咏楼下层当年名为"澄镜堂"，堂上悬有"理笏"二字匾额，此是出自"海岳拜石"的典故。史载宋代著名书法家米芾（别号海岳外史）曾出守无为知军，到任伊始，见衙署内有一巨大的太湖石，形状奇丑，大喜道："此足以当吾拜！"遂肃然整衣正冠，持笏下拜,并呼石为兄,后世因而留传下来这一典故。澄镜堂外亦有巨石,可知这里亦是赞石之意。

天然风景画——君子长生馆

君子长生馆位于古莲花池园内正西面。紧邻北塘西岸,半面建在水上。宋代为道教宫观,元代初年道观一部分被莲花池占用。君子长生馆也是清同治"莲池十二景"之一。可凭栏赏荷、垂钓,故同治年间(1862～1874年)名"钓鱼台"。

道观坐西向东,歇山顶,面阔5间,进深3间。前有卷棚抱厦,四周虎廊环抱。门额有"君子长生馆"五字匾,寓"君子之德,与世长存"之意,如池中出淤泥而不染、历久繁茂的莲花,与世长存。两边有楹联曰:"花落庭闲,爱光景随时,且作清游寻胜地;莲香池静,问弦歌何处,更教思古发幽情。"隔扇门窗均为步步锦图案,苏式彩绘雕梁画栋,十分精美。正间前面突出有"罗锅脊"抱厦三间,抱厦之外有平台建于水上。南北有配房2座,南曰小方壶,北曰小蓬莱。建筑典雅清洁,纤巧空灵,景色尤佳。水色映入眼帘,阁影浮波,俨然一幅天然风景画。现已成为保定市人民公园主要胜景。

昔日书院之冠——莲池书院

莲池不仅以"林泉幽邃,云物苍然"闻名,更因与莲池书院同处一址而名声大振。

清雍正十一年(1733年),在莲池北部建直隶省最高学府——莲池书院。书院院长多为学识渊博之士,如章学诚、祁韵士、张裕钊、吴汝纶等,开设西文(英语)、东文(日语)学堂,招收外籍留学生,聘请外籍教师等,使学院声播四方,产生了"四方贤隽担簦负笈受业门下者,趾踵相接"的局面,培养出一批经世致用的人才。1952年11月22日,毛泽东主席曾莅临莲池,故地重游,他说:"莲池之所以有名,关键是莲池书院有名,莲池书院在清末可称为全国书院之冠。"

古莲花池的文化价值

古莲花池是与苏州拙政园、北京颐和园、圆明园等齐名的十大历史名园之一。莲花池的出名,不仅仅是由于它有着"摇红涤翠,虫儿带霞衣"的婀娜风姿,更主要的是它有着浓郁的从古到今延续下来的文化氛围。

一踏进莲池的大门，满目的碑林仿佛在向你默默述说着岁月的沧桑和时代的变迁。莲池的碑林散落于园内亭台楼阁的四周，与"接天莲叶无穷碧"的莲花池相互辉映。

古莲花池共收藏碑石140余方。《田琬德政碑》是园内年代最为久远的碑刻，它的书丹者是唐代书法家苏灵芝。苏灵芝擅长写碑，此碑写得笔墨婉畅、刚柔相济，具有很高的书法艺术水平。

蔡京是北宋时期臭名昭著的奸相，他虽然声名狼藉，却写得一手好字，可当时人们谁也不愿保存他的字，镶嵌在莲池北碑廊的《蔡京送行诗碑》是国内唯一保存完整的一幅。在它不远处的则是宋代名将岳飞书写的《出师表》，与蔡京的字相比，岳飞的字显得雄劲有力。

莲池碑刻除了它的文学价值和史料价值以外，最主要的还数它的书法价值，其中书法艺术水平最高的是《莲池书院法帖》。《莲池书院法帖》是清道光十年（1830年）时，直隶总督那彦成命人将6位书法大家的墨迹摹刻在莲池书院的墙壁上，供学子们观摩研究。它包括褚遂良的《千字文》、颜真卿的《千福碑》、"草圣"怀素的《自叙帖》、米芾的《虹县诗》、赵孟頫的《蜀山图歌》、董其昌的《云隐山房题记》、《李白诗二首》、《罗汉赞》等。

莲池的东碑廊和西碑廊中保存了7方清代皇帝御制诗碑，包括乾隆、嘉庆、道光三位皇帝的御笔。清乾隆十一年（1746年），乾隆皇帝为祝贺保定莲池行宫的建成，将其祖父康熙的"圣迹"——"龙飞"二字带到莲池供奉，当时的直隶总督那苏图命人将此二字摹刻于石。可以说，在莲池众多的碑石中，"龙飞"二字是最雅俗共赏的书法艺术作品。

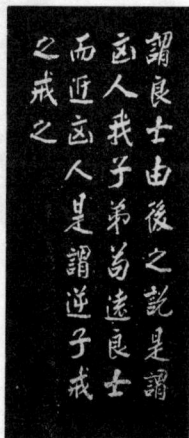

第十二章　历史悠久的园林
——江苏个园

　　个园坐落在江苏省扬州市郊的东关街，前身是清初的寿芝园。嘉庆、道光年间，两淮盐商黄至筠购得此园并加以改建，园内种竹千竿。"扬州以名园胜，名园以叠石胜。"个园是以竹石为主体，以分峰用石为特色的城市园林。前人谓"掇山由绘事而来"，个园掇山颇遵画理，在似与不似之间，引人无限遐想。园内山峰挺拔，气势磅礴，给人以假山真味之感。园中有宜雨轩、抱山楼、拂云亭、住秋阁、透月轩等建筑，与假山水池交相辉映，配以古树名木，更显古朴典雅。个园运用不同的石头，分别表现春夏秋冬景色，号称"四季假山"。有春季的山林，夏天的荷塘，秋日的残阳，隆冬的雪狮，无不形象生动。

说起古典园林，大家都会想起苏州。然而，200多年前，江淮古城扬州的园林却要胜过苏州。早在清朝时曾有人对江南名胜作出过这样的评价："杭州以湖山胜，苏州以市肆胜，扬州以园亭胜。"可见当时江南一带，扬州是以园林之美而著称的。早在汉代，扬州就有规模较大的园林式建筑，以后又有创新，到清代时，由于手工业、商业、交通运输业、盐业都十分发达，加之乾隆的6次南巡，扬州园林迅速兴盛。但历史上多次遭到兵灾战祸，园林毁坏甚多，现在幸存的仅个园、何园、小盘谷和冶春园等为数不多的园林了。

个园的创建历史及迷人景色

黄至筠认为竹本固、心虚、体直、节贞，有君子之风；又因三片竹叶的形状似"个"字，取清袁枚"月映竹成千个字"的句意命名"个园"。苏东坡曾说："宁可食无肉，不可居无竹。无肉令人瘦，无竹使人俗。"这句话道出了园主人以竹命名的本意。

分峰造石当为扬州叠石的一大特色，个园是这方面的代表。清时为马曰璐兄弟二人别墅，马曰璐兄弟是安徽祁门人，虽经营盐业，但雅好书画，尤其不惜重金收藏典籍，家中藏书百橱，积十余万卷，《清史列传·儒林传》谓其"藏书甲大江南北"。家中有丛书楼、觅句廊、看山楼、红药阶、透风透月两明轩，至今旧制尚存，故名仍袭。全祖望曾写《丛书楼记》，称："百年以来海内聚书之有名者，昆山徐氏、新城王氏、秀水朱氏其尤也，今以马氏昆弟所有，几过之。"可见其藏书之丰。可贵的是马氏并非将典籍深藏秘阁，不轻易借人，而是编成《丛书楼目录》，方便文友查阅，使书尽其用。诗人卢雅雨，学者惠栋，藏书家赵昱都曾借抄马氏秘籍，而全祖望、厉鹗都曾长期寓此写成了学术专著。如惠栋所赞："玲珑山馆群疆俦，邱索搜较苦未休。"

来到个园，未入园门，只见修石依门，筱竹劲挺，两旁花台上石笋如春笋破土，缕缕阳光把稀疏竹影映射在园门的墙上，形成"个"字形的花纹图案，烘托着园门正中的"个园"匾额，微风乍起，枝叶摇曳，只见墙上"个"字形的花饰不断移动变换，"月映竹成千个字"（袁枚），你会不自觉地叹出"活了"！

过春景,首先映入眼帘的是夏山,全是用太湖石叠成,步入曲桥,两旁奇石有的如玉鹤独立,形态自若;有的似犀牛望月,憨态可掬。抬头看,谷口上飞石外挑,恰如喜鹊登梅,笑迎远客;远处眺,山顶上群猴戏闹,乐不可支。佳景俏石,使人目不暇接。过曲桥入洞谷,洞谷如屋,深邃幽静,左登右攀,境界各殊。山涧石缝中,广玉兰盘根错节;窗前阶下,雨打芭蕉玉立亭亭。人行其间,只见浓荫披洒,绿影丛丛,真是眉须皆碧了。

秋山最富画意,山由安徽黄石堆就,其石有的颜色赭黄,有的赤红如染,其势如刀劈斧削,险峻异常,山隙间丹枫斜伸,曲干虬枝与嶙峋山势浑然天成;山顶翼然飞亭,登峰远眺,群峰低昂脚下,虽是咫尺之图却有百千里之景的磅礴气势。

如果夏景是以清新柔美的曲线的太湖石表现秀雅恬静的意境,那么秋景则以黄山石粗犷豪放的直线表现雄伟阔大的壮观。一具北方山岭之雄,一兼南方山水之秀,峻美、秀美,风格迥异,却又在咫尺之内巧以楼前立体长廊相连,浑然一体而不突兀,和谐统一极富诗情画意。

从黄石东峰步石而下,过"透风漏月"厅,是用宣石堆起的冬景。宣石中含有石英,迎光闪闪发亮,背光皑皑露白,无论近看远观,假山上似

覆盖一层未消的残雪，散发着逼人的寒气。山畔池旁，冬梅点点，疏影横斜，暗香浮动，"霜高梅孕一身花"（袁枚），真是"春夏秋冬山光异趣，风晴雨露竹影多姿"。有人说景石四标准："透、漏、险、瘦。"似乎已成定论。不！这不过是一般的叠石技巧，像个园这样分峰造石，构成四季假山，游园一周，似游一年，已见构园者的殊俗；更可贵者，这春夏秋冬都不是孤立的个体截然分开，而是浑然天成。你看冬景虽给人以积雪未消的凛冽之感，但靠春景的西墙却开了两个圆形漏窗，只见枝枝翠竹过墙来，又给人们"严冬过尽绽春蕾"的深远意境。整个园景犹如一幅构制巨大的画卷，路随景转，景随路换，叠山之外，园中又因势散散落落布置一些厅馆楼台、石桥小院，配上联对匾额，更有鸟啭莺啼、蜂舞蝶恋，恰到好处，点到人心，构成美的画面。

个园的艺术价值

园林艺术是人们追求美的户外空间，个园设计者将四季假山设置在一园之中，人们可以随时感受四时美景，并周而复始，颇具"壶天自春"之意。这种独特的艺术手法在我国传统园林中是极为少见的。个园的历史与著名的"扬州八怪"几乎同时，我们可以通过此园品味那个时代人们的生活情趣和文化特征。目前扬州市政府正在准备将个园申报为世界文化遗产。

1. 楹联赏析

传家无别法非耕即读

裕后有良图唯俭与勤

几百年人家无非积善

第一等好事只是读书

自古至今，人们都重视读书的重要性，而"耕读传家"一向是中华民族的传统。一个一等一的大盐商，能够有如个园的私人园林，内心世界是如此的平静。

可见古人财富确实来得真实啊！

> 朝宜调琴暮宜鼓瑟
>
> 旧雨适至新雨初来

上联比较平常，下联却很精彩。旧雨、新雨，分别指老朋友和新朋友，文字古雅而意味深长。

> 春夏秋冬山光异趣
>
> 风晴雨露竹影多姿

大门两边的一副对联，形象鲜明地概括了个园的整体特色。

> 咬定几句有用书可忘饮食
>
> 养成数竿新生竹直似儿孙

汉学堂对联，看出主人对儿孙后代的教育十分重视。

2. 诗句赏析

> 秋从夏雨声中入，
>
> 春在寒梅蕊上寻。
>
> 月映竹成千个字，
>
> 霜高梅孕一身花。

此诗句点出了个园特色：四季景色和"个"字的竹影。

从宜雨轩到夏山

从两座花台春景中步入园门，迎面便是一座四面厅。厅前有两个用湖石平叠的花台。西台植竹，东台种桂，因而此厅原先称为桂花厅，现在匾额上已改名为"宜雨轩"。从厅中朝南而望，到处是绿意盎然，近处是青竹、丛桂。透过围墙上4个水磨石砌的漏窗及月洞门，还可以看到路过的竹石小景。近景远景既内外有别，又隔而不闭。这种以内外互对互借来增加入园第一景的深度的造园手法，还是个园的独特之处，可谓别出心裁。从桂花厅沿着轩廊往西走，经过一片密密的竹林，便来到水池边上，隔水往北望去，只见蓝色的天幕下，巍然屹立着一座苍古浓郁、玲珑剔透的太湖石假山，山下有石洞，山上有石台，形姿多变，形状宛如天上的云朵，这就是夏山。山前有一泓清澈的水潭，水上有曲桥一座，通向洞口，巧妙地藏起了水尾，给人以"庭院深深深几许"的观感。池中遍植荷花，一眼望去，"映日荷花别样红"，突出了"夏"的主题意境。

个园——园林中的精华之园

宣石山的东侧界墙外，便是个园的入口处。为了使冬天的意味更足，造园家在墙上有规律地排列了24个圆洞，组成一幅别具一格的漏窗图景。每当风吹过，这些洞口犹如笛箫上的音孔，会发出不同的声响，像是冬天西北风呼叫，以声来辅助主题意境。更为奥妙的是，通过那几排透风漏月的漏窗，看到的是春景的翠竹、石笋，能让人产生"冬去春来"的联想。

在个园景区规划时，园主人按照主要游览路线顺时针方向布置了春、夏、秋、冬四处假山石景，立意新颖，用材精细，配景融洽，结构严密。在这些以假山为主题的风景序列中，时令特征是"创作的命题"，春山是"启示部"，夏山是"展开部"，秋山是"高潮"，冬山是"尾声"，就像音乐的创作或写文章那样，有着严密的章法。

个园的假山概括了所谓"春山淡冶而如笑，夏山苍翠而如滴，秋山明净而如妆，冬山惨淡而如睡"与"春山宜游，夏山宜看，秋山宜登，冬山宜居"的画理。园内还有宜雨轩、抱山楼、拂云亭、住秋阁、漏风透月轩等古建筑。四季假山在这些楼台亭阁的映衬下，加之古树名木点缀其间，更显古朴典雅、幽深雄奇。

江苏个园，的确是园林中的精华之园。

个园中"个"字的来历

个园名称中这个"个"字，最耐人寻味，大家都知道，不管是字典里，还是语言习惯中，"个"都是用来做量词的，如：一个人，一个苹果。其实呢，"个"最早的意思是"竹一竿"，古书《史记正义》便有"竹曰个，木曰枚"的说法。这一点不奇怪，因为汉字原本就是象形文字，而"个"看上去不正是竹叶的形状吗？而"月映竹成千个字，霜高梅孕一身花"这句诗，物象鲜明，意境空灵，可谓深得竹的神韵。另外黄至筠自己也以"个园"作为别号，人与园合一，意味深长。分而独立成章，各奏华彩；合而大化天成，高潮迭起。人与竹、与石浑然一体，宾主难分，是最具扬州地方特色的江南私家住宅园林。

爱我园林

园林给我们带来了什么

我们中华民族，是世界上勤劳、勇敢、智慧的民族，很早的时候起，我们中华民族的祖先就劳动、生息、繁衍在这块广阔的土地上。他们创造了人类丰富的物质文明和精神文明，并把这一创造性的历史陈迹，用文字记录在史书典籍里，还把它们直接留在祖国的大地上。

颐和园、圆明园、豫园、苏州园林、避暑山庄……这些或由封建帝王建造的皇家园林，或由封建士大夫修筑的私家园林，过去是专为少数人游玩享乐的场所。在人民当家做主的今天，园林给我们带来了什么呢？

我们每个人大概都有过这样的体会：书桌前久坐或紧张地复习考试之后，总渴望去一个幽静的地方轻松一下，尽情地玩乐一阵，自然的名山大川、江河湖泊，当然是最好的去处，但是它们离我们太远。而且，随着城市人口的增多，城市面积的扩大，自然风景区离我们越来越远了。于是，我们走进园林，在那"虽为人造，宛如天成"，源于自然又高于自然的优美环境中，全身心地放松自己，一扫学习的疲惫和紧张，痛痛快快地潇洒一次。

游览园林是我们不可缺少的生活内容。人的生活需要有节奏感，要求室内室外进行活动、紧张轻松相互调节，这不仅仅是生活形式的变换，还是保持良好的身心健康的需要，大人孩子都不例外。

随着现代工业的发展，城市人口的骤增，人们为了避开烦嚣的苦恼，探寻清幽的所在，调节紧张的生活，对园林的需要将会越来越迫切。园林为人们提供了一个可观、可游、可玩的场所，它带给我们的是精神上的愉悦和比这更多的东西。

外国游客来中国看什么

自从我国实行对外开放以来,到我国来旅游的外国客人越来越多。不论是在园林、寺庙还是自然风景区,随处可见不同肤色、不同语言的兴致勃勃的游客。

外国游客到中国想看什么? 他们一是想了解中国的现状,二是要游览我国的名胜古迹、传统文化的所在地。我国的名胜古迹不只限于长城、故宫以及大大小小的古墓和寺庙;传统文化也不只限于文房四宝和工艺美术品之类。在外国人的心目中,最具中国特色的莫过于园林,因为中国园林在世界园林中自成一个体系,有几千年的悠久历史,并且早已名扬世界。中国园林将建筑、雕刻、绘画、书法等多种艺术形式融为一体,其构思布局比其他文化门类更多地融汇着我们这个古老民族的哲理、修养、品德、气质和情趣。

早在元朝,意大利旅行家马可·波罗就曾赞美过我国的园林,大思想家黑格尔也曾对我国园林给予很高的评价。园林艺术从那时起就对欧洲有了一定的影响。在东方,唐代鉴真大和尚东渡,在把我国宗教文化传入日本的同时，也带去了中国的园林艺术。所以，无论是东方还是西方，都对中国园林特别欣赏，期望一睹为快。一位传教士参观了圆明园之后写道："此地各物无论在设计和施工方面都极宏伟和美丽。因为我的眼睛从来不曾看到过任何与它相类似的东西。因此也就令我特别惊讶。……中国人在建筑方面所表现的千变万化、复杂多端，我唯有钦佩他们的天才。我们和他们比较起来，我不得不相信，我们是又贫乏，又缺少生气。……这种园林景观是难以描述的，只能用眼睛去看，才能领略它的真实内容。"但是，由于当时迢迢万里的交通阻塞，加之东西方文化内涵的严重差异，外国人特别是欧洲人所了解的中国园林，还只是零星片段，模糊失真。

国门打开之后，更多的外国人来到我国，同时，我国的园林艺术也走向世界。1980年，我国在美国大都会博物馆建成中国古典园林风格的明轩，作为中国古代文化艺术品展览；我国还在法国巴黎城郊丛林中，建造了中国园林建筑风格的使馆；为参加国际园林博览会，广州建了一座岭南园林风格的芳华园，出现在德国的慕尼黑。我国大量的园林工作者，有志以更多更好的园林形式来反映我国的文化艺术，让中华民族优秀的园林艺术传统传播到世界各地。

作为中华民族的一代新人，了解园林文化，爱护园林的一草一木，一山一石，便是以我们的实际行动为祖国园林增辉添彩，为中华民族争荣争光。

园林养护经典语句

1. 保护蓝天绿地，建设美好家园。
2. 保护绿色，善待生命。
3. 创建国家园林城市，重在行动贵在坚持。
4. 创建国家园林城市要一件一件抓落实，一天一天干实事。
5. 创造园林城市，保护蓝天绿地。

6. 坚定信心狠抓落实,早日实现创建目标。

7. 绿带来生命,花带来色彩。

8. 绿化城市,美化环境,共建和谐社会。

9. 美化环境,放飞心灵。

10. 你我多一份自觉,城市多一份美丽。

11. 盼望江山绿,请爱一株苗。

12. 认建认管认养,绿地光荣。

13. 伸出爱的双手,共享绿色家园1

14. 统一思想,提高认识,扎实工作,创建国家园林城市。

15. 现代都市,繁华景色,身在其境,献出爱心。

16. 小草有生命,足下请留情。

17. 用眼触摸,用心感受。

18. 只有行为美,草儿才常青。

19. 走进绿色,拥抱自然!

爱我园林的文章

1. 荡起双桨的地方

让我们荡起双桨

小船儿推开波浪

海面倒映着美丽的白塔

四周环绕着绿树红墙

小船儿轻轻,漂荡在水中

迎面吹来了凉爽的风

我相信,无论是成年人还是孩子,都不会对这首歌感到陌生!据我老爸说,这首歌在 20 世纪 50 年代就已唱响祖国大地,可以说那时的人们,不管是大人还是孩子,都无人不知、无人不晓、无人不喜欢《让我们荡起双桨》,它是我国第一部儿童电影《祖国的花朵》中的插曲。

　　这部老电影,留给人们的是无限的美好和回忆,可能很多人不喜欢看这部电影,但是,他(她)一定会唱这首主题歌,这是一首世人公认的、最为经典的儿童歌曲!我很荣幸,这首歌的画面背景,就在我的家乡,那是一个位于我家乡城市中心的地方,她是祖国现存最悠久、保存最完整的皇家园林,距今已有近千年的历史,她的名字叫北海。

　　北海,如今是座公园,公园位于市中心,坐落于故宫的西北面,与中海、南海合称三海,她属于中国古代皇家园林,全园以北海为中心。这里原来是帝王御苑,是中国现存最古老、最完整、最具综合性和代表性的皇家园林;主要由北海湖和琼华岛组成。这里原是辽、金、元、明、清五个封建王朝的皇家禁区。琼华岛临水而立,挺拔秀丽,是北海公园的主体。北海白塔高耸,还有殿阁参差设置;北海更显碧波浩渺、游船如织。湖水岸边,那绿柳垂丝,百花织锦,亭台楼阁羞涩地掩映在绿树红花之中!这座园林充满了诗情画意的旖旎风光,那琼华岛上的藏式白塔为全园标志,漪澜堂波光相映,濠濮间游廊曲折。《让我们荡起双桨》中唱的"美丽的白塔",是一座藏式喇嘛塔。塔石碑上说,当时"有西域喇嘛者,欲以佛教阴赞皇猷,请立塔寺,寿国佑民"。

公园以神话构思来布局,形式独特,富有浓厚的幻想意境色彩,又以琼岛为基准,山顶白塔耸立,南面寺院依山而立,直达山麓岸边的牌坊,桥担两肩,与团城的承光殿气势连贯,遥相呼应。北面山顶至山麓,亭阁楼榭隐现于幽邃的山石之间,穿插交错,多姿变化。荡起双桨,一定要在水中。歌声中荡起双桨的地方,就是我家乡公园里最大的水域,那便是以湖称海、水源来自颐和园的昆明湖,流经紫竹院、什刹海,最后注入北海湖的城区游乐水域!

又是一个儿童节来临,让我们荡起双桨,小船会在幸福的海洋中惬意地漂荡!

2. 不忘国耻——读《圆明园的毁灭》有感

有一天,两个强盗闯进了圆明园。一个强盗大肆抢劫,另一个强盗放火焚烧,然后两个强盗平分赃物,手挽手,笑嘻嘻地一起回到欧洲。这就是两个强盗的一段经历,这两个贪得无厌、野蛮残暴的强盗就是法兰西和英吉利。

圆明园是我国劳动人民用血汗、智慧和一百五十多年的时间建造而成的一座巨大的博物馆、艺术馆。它是如同月宫仙境一样的建筑。人们常这样说,埃及有金字塔,罗马有斗兽场,中国有圆明园。可就是这么一个令人叹为观止、无与伦比,称得上是亚洲剪影的皇家园林,竟在1860年10月6日被洗劫一空,又在三天三夜中化为一片灰烬!

作为一个中国人,读到这篇文章都禁不住要控诉那些不知羞耻的强盗,为何要去破坏我们的和平?为何要强行将原本不属于你们的东西占为己有?也会质问当时清政府为何如此腐败无能?为何当皇帝要丢下大清江山而不顾百姓时没有一个人勇敢地站出来阻止?这一个个问号布满我们心中,事实证明:人善被人欺,马善被人骑,落后就要挨打!这个世界就是一个弱肉强食的世界,不管弱者对不对,只要强者认为自己是对的,就会用尽一切手段让对方服从自己!然而,就是因为旧中国的落后贫穷,清政府的腐败无能,我们才不断受到帝国主义侵略者的欺凌,任人宰割，真是百年国耻啊！

但在长期艰苦的情况下，团结一致、热爱和平、勤劳勇敢、自强不息的作风已深深印在每个中国人的心中！正是这种精神，我国的科技、文化、体育等事业蒸蒸日上，已赶超世界领先水平。

作为生活在今天这和平幸福时代的我们，没有理由不去为中国的强大而自豪，同时，我们要牢记过去的耻辱，忘记过去，就是毁灭未来，前事不忘后事之师。当然，少年强则国强，少年富则国富，未来的中国需要我们新一代来建设、描绘、拼搏，振兴中华是我们义不容辞的责任！那么，就让我们大声喊出："不忘国耻，振兴中华！"

园林是美育的园地

我国古典园林无疑是人类文化财富中一份极为珍贵的遗产，这不单是在于它向我们展现了一种独特的艺术形式，一套完整而成熟的造园技巧，而且还在于它本身所蕴涵着的丰富的美学思想。是这些思想给我国古典园林注入了强劲的生命力，同时也为它的发展和完善提供了坚实的基础和丰厚的食粮。所以，园林是美育的园地。艺术大师罗丹论风景对人的作用时说："美丽的风景所以给人感动，是由于它引起人的思想；看到的线条和颜色，自然不能感动人，而是渗入其中的深刻的意义。伟大的风景画家……他们在树林的阴影中，在天边的一角中，觑见和他们心意一致的思想；这些思想有时和蔼、有时庄严、有时大胆。这时候，我们的精神领域就与自然景色融在一起，达到物我相忘的境地，领略到美的真谛。这就是自然景物作用于我们的精神领域之后所产生的移情作用。"历代的大思想家、文学艺术家乃至伟大的革命家，都从园林文化中得到过精神的养分，这从他们的著作和诗文中都可以见到。

园林为什么能给人美育呢？因为园林是一门综合艺术。园林设计师们，独具匠心，将自然风光提炼、浓缩，使自然山水的雄奇、峻拔、清秀、灵巧等等静态的景象，在晨光、晚照、雨意、风痕、云迷、雾隐等动的景色的衬托下，呈现出形、声、色等变化多端的景色。然后再以屋宇、道路、绿化等手段加以点缀、组合、提炼，从而造成一种有幽可寻的境界。园林设计师的这种苦心创造，便使园林具有了因人而异的美育效果。同一个景点，有人从左边看，有人从右边看，俯看、仰看，雄峻、清幽、深邃，"横看成岭侧成峰"，风景各不相同。等到所探寻的景色，与自己理想中的意境相融合的时候，就达到了"诗"的境界，求得了美的真趣。

我国艺术的特点，往往要求在形象之中寄托崇高的内在精神。比如，人们喜欢以松的挺拔、竹的潇洒、梅的清香颂喻它们内在精神的刚直不阿、虚怀若谷、坚韧耐寒等。这些内在性格的美，已为我们中华民族所接受，成为传统的概念，使人们产生高尚情操的美的联想。所以，园林设计师们多利用这些植物绿化。当我们置身于湖光山色之中，那苍翠的松柏，挺拔的绿竹，清香的梅花，便给人一种奋发向上的美的感染。

怎样欣赏园林

一座园林就是一所艺术博物馆。置身这所艺术博物馆，我们该怎样欣赏那一件件优美的杰作呢？

1. 了解园林的历史

游览园林之前，先看看园林的介绍和说明。这就好比拿起一本书，先看看简介和作者。我国古典园林历史悠久，而且几经兴衰，一座园林往往是一个历史的片段，一石一木常常包含着一个感人的传说。不了解园林的背景，便只能走马看花，流于一般的玩乐，很难领略园林的真趣。

特别是游览圆明园这座大型遗址公园，更应该先了解圆明园历史。当年英法侵略军为什么要焚毁这座闻名世界的园林？仅仅是为了掩盖他们劫掠的罪行吗？并不是。他们既然能够明目张胆地侵略我们的国家，抢劫金银珠宝又算得了什么呢？他们火烧圆明园有着更深远的用意，即对当时尚不完全就范的"天朝皇帝"施加一种压力。对此，沙俄公使普提亚廷曾一语道破："除非使北京受到压力，否则和中国政府是什么也办不成的。"这个行动立即得到英国政府和报界的支持。经过一番策划之后，额尔金下达了焚毁圆明园的命令。清王朝果然委曲求全，与英法签订了丧权辱国的《北京条约》。中国从此开始进入近代史上最黑暗的时期。广大人民在封建主义和帝国主义的双重残酷压迫下，陷于水深火热之中。如果对圆明园的颓废所反映的中国近现代史上受侵略的这个侧面不予了解，怎么可能从那残垣断壁之间透视它昔日的胜景和它所揭示的意义呢？

2. 欣赏园林的义学艺术

园林虽佳，如无文学充实其中，就等于画龙而不点睛。园林文学较之一亭一石之胜，有过之而无不及，它不但能概括景区美的精华，还有重要的文史价值。结合文学的还有书法，这也是我国文化艺术的瑰宝。所以，游览园林应该注重欣赏园林的文学艺术美。

比如，在园林的厅楣、厅堂、楹柱上悬挂和书写的匾额、对联，便是祖国艺术长廊中的瑰丽的画卷之一。因为这些匾额和对联大都出自历代名贤或现代名家之手，具有生动的艺术感染力。咏读理解这些匾额和对

联的内容,不仅可以了解园林的历史,提高赏园的情趣,而且可以提高文学修养。

在苏州园林里,我们到处能看到悬挂着的对联,有的当门,有的抱柱。其内容或追历史、或咏园景、或寄感情、或励志节,可说是丰富多彩。顾盼之间,让人感到心胸开阔,耳目一新。

比如曲园乐知堂俞樾自撰的寿联:

"三多以外有三多,多德多才多觉悟;四美之先标四美,美名美寿美儿孙。"

抒发了子孙满堂,踌躇满志的愉悦心情,可谓别开生面。

圆明园大戏台有副对联是这样写的:

"尧舜生,汤武净,五霸七雄丑末耳,伊尹太公便算一只要手,其余拜将封侯,不过摇旗呐喊称奴婢;四书白,六经引,诸子百家科诨也,杜甫李白会唱几句乱弹,此外咬文嚼字,大都沿街乞食闹莲花。"

这副刻在清朝皇族看戏舞台上的对联,以玩世不恭的笔调,对上自尧舜汤武,下至拜将封侯等一系列封建体制作了辛辣的讽刺和全盘的否定;对四书六经及历代诗文也不分青红皂白予以无情的奚落和嘲弄。

下面这副描写颐和园雨后清晨景色的对联,很富有诗意:

"碧通一径晴烟润,翠滴千峰宿雨收。"

夜雨过后,空气格外清新,朝阳初升,碧树丛中的小路开始显现出来,但雾气还没有散去,小路若隐若现地通向深处。被雨水洗过的群山更加青翠,郁郁葱葱的枝叶好像"滴下"那很多绿色来。

游览园林,细细品味这些对联的内容,妙趣无穷。

中国园林的匾额也是非常切景、含蓄、耐人寻味的。比如苏州虎丘的小吴轩,取《孟子》"登泰山而小天下"之语而引申出来。此处飞阁凌空,山势险峻,俯首眺望,平林远水,烟火万家,吴中美景,尽收眼底。故取名为"小吴轩"。拙政园内有个"三十六鸳鸯馆"名采自《真率笔记》"霍光园中凿大池,植五色睡莲,养鸳鸯三十六对",现在堂前水池内,仍旧养育着对对双双的鸳鸯,象征喜庆和吉祥,使我们耳目一新。

园林中的这些匾额、对联,大多数是由历代著名书法家书写的,那些气势磅礴、神采飞扬的书法与内容相得益彰。

游览园林,还可以领略到我国的山水画艺术。我国园林艺术的特点,是利用或者模拟天然山水作为造园的基础,结合建筑的经营、花木的栽植,来创造一个布局极为自由、曲折有致而又赏心悦目的游憩环境。特别是六七世纪以后,随着山水画的兴盛,造园艺术受到它的浸润而有意识地在园林中追求一种田园诗的情调和山水画的意趣。一座园林,便是一幅幅立体山水画,任人欣赏,任人享受。驻足其间,细细欣赏,我们会感到片石、株树,都体现着清雅优美的诗情画意,叠山、理水更创造出岩谷幽深、奇峰突起等高远、深邃的意境。

总之,在幽静的园林环境之中,欣赏着美丽的湖光山色,品味着精湛的诗书和立体的画面,追忆上下千古,这种心境的惬意是难以用语言来形容的。

假如游览园林,只是匆匆而来匆匆而去,爬山划船,仅图玩个痛快,那便体验不到园林的真趣,也辜负了设计师们苦心经营的成果。

但是,园林文学唯有在幽静的环境中,才能给人慢慢欣赏回味之机。

假如人流拥挤，尘嚣乱耳，即使再耐心的人，也是无心驻足欣赏的。所以，游览园林的时候，也应该注意调整自己的言行举止，使之与幽静的环境相和谐。

3. 欣赏园林的意境美

我们中华民族常常把意境作为艺术创作的中心，园林的建造也同样追求"寓情于景、情景交融"的境界。园林设计师们先是通过亭、阁、楼、台等丰富多彩的建筑形态和和谐的自然景物环境，使我们产生视觉形象的美，然后又通过对联、匾额等文学形式的概括、提炼和点染，把我们领到情与景交融的境界。比如，苏州拙政园中有个待霜亭，四周遍植橘林，以唐代诗人韦应物的诗句"洞庭须待满林霜"命名，充满了诗情画意。这时，即使树上没有橘子，但是看到匾额和四周的橘树，也会不由得使人感到橘红时那鲜艳的色泽和芬芳的清香。

要想获得这种情景交融的美感享受，当然就不能"走马看花"，而必须有意识地把自己的感觉、思考、联想等充分调动起来，仔细体验园林设计师的巧妙构思和他们所渗入的思想感情。

有的人带着写游记的任务去游园林,这是调动感觉、思考和联想的一种好方法。有一位五年级的学生春游颐和园,回来后这样写道:

佛香阁,全园的最高点,我们在这里眺望,湖光水色尽收眼底。我忍不住叫起来:"昆明湖的水真像一面大镜子!"刘佳在一旁说:"不,我看它像一块大蓝宝石!"李小明也忍不住说:"我看呀,它像是大翡翠!"老师听见了,走过来笑眯眯地说:"你们把眼睛睁大些,再看远些,就会有新的感觉。"啊!可不是嘛! 蓝蓝的天空,没有一丝云彩,层层的远山像在云雾之中,昆明湖上,波光粼粼,小舟点点,十七孔桥像仙女的飘带,还有那新绿的树,金琉璃瓦……顿时,我感觉豁然开朗,心旷神怡,仿佛在欣赏一幅最美的风景画。

瞧,他的感觉多么细腻,他的想象多么丰富。他是真正体会到昆明湖的意境之美了!

还有一位四年级的学生,游览圆明园,思考得很深刻,他这样写道:

下了小桥,绕过银杏林,转眼间我们好像来到了另一个世界。一片片废墟上,矗立着高大的石柱,好像历史老人在诉说着八国联军的罪恶。一堆堆残垣断壁好像在问:"你们什么时候才能长了本事把我们扶起来?我们等得都有点儿心焦了!"我看着眼前的景象,心里非常激动,想:从现在起,我就要努力学习,把祖国建设得繁荣富强起来。我们强大了,谁都不敢再欺负我们了。

我们也不妨试一试，将自己游园看到的景色、所产生的感受记下来。天长日久，你会感到园林使人获益无穷。

生态城市　园林先行

要想让城市变成一个生态环境良好、人文景观特别的城市，就必须实施对重要生态功能区的抢救性保护、重点资源开发区生态环境强制性保护，生态环境良好区和农村生态环境积极性保护，风景名胜资源严格保护，维护生态平衡，保障生态安全，这是时代赋予我们这一代人的既光荣又艰巨的任务，更是园林人乃至每一个中国人责无旁贷义无反顾的神圣职责，一定要抓好机遇，先行先试，为建设园林城市作出应尽的努力和贡献。

1. 良好环境为经济建设铺垫

人类的活动总是选择最适宜生存、发展的环境为依托。何为适宜？毫无疑问是离不开地域性、生态性、文化氛围及相关赖以生存的各种物质的、非物质的条件，特别是现代人类活动对生态环境的苛刻追求，无不表现为人与自然的和谐共处，一旦出现违背自然规律的迹象，人的活动的归属会立即遭遇惩罚。

因此，人与自然的和谐相处是人类不断奋斗和探索的永恒主题，我们园林人是创造人与自然和谐相处的开拓者、捍卫者，是任何经济活动都离不开生态环境的保护神。

优美的生态环境直接或间接地为以经济建设为中心的现代社会提供不可缺失的作用。

从构建和谐社会中充分认识公园、园林的作用，在当今振兴经济的伟大进程中，迫切需要经济建设有一个良好的投资环境，这也是各级政府、各行各业直至每一个人所期盼的，是园林工作所期盼的。在经济和社会持续发展过程中，也需要一个完善的绿地系统和足够的绿化空间，要充分理解城市绿化与城市经济发展的关系。城市公园在城市中发挥

着非常重要的环境作用,是城市绿地系统中的重要组成部分,也是城市绿地的精华部分。城市公园在推动城市社会经济发展中发挥了重大作用,搞好城市公园、园林的建设管理,就是推动了城市的可持续发展。

2. 城市园林化在生态城市建设中的位置

城市园林化是整个城市生态系统的最重要一环,是整个城市生物链当中的最为基础性、最为关键的一节,花草树木构成的植被是一切生物链赖以生存和繁衍的平台和空间。拥有良好的植物群落,各种动物、微生物才有栖息地,才有活动空间,至于树木为人类作出的贡献更是非常之大,人类自身便是从森林里面走出来的。

城市园林是城市生态平衡的中流砥柱,生活在城市的人们遇到园林树木如身临沙漠绿洲,无论从身心的愉悦和感受或休闲健身、陶冶情操方面来说,都使人备感亲切,如人仙境,园林给人们带来的是无尽的诗情画意和美妙遐想。

城市的生态建设与保护,投资少、见效快,间接效益是任何投资无法比拟的,即投资与产出价值比是 10～150 倍,比如有专家测试:一棵 10 年生的树木,对当地生态的贡献价值是 2 万～3 万元人民币,而一棵树苗价

格大多数在 10～150 元间。城市绿化使城市的价值得到了提高,在推动城市社会经济发展当中发挥出重大作用。建设"开窗山清水秀,出门鸟语花香"的美好家园,为城市的长远发展开辟了广阔前景。

爱护园林 责无旁贷

我国园林历史是这样的悠久,风格是这样的独特,不愧为世界文化艺术宝库中一颗璀璨的明珠。它所显示的工程技术与艺术方面的辉煌成就,它所凝聚着的古代能工巧匠们的聪明才智和精湛技艺,是我们中华民族的一笔宝贵财富,是我国古代物质文明和精神文明的标志。

随着历史的发展和时代的前进,我国的园林艺术越来越显示出它极其珍贵的价值。近代国际上各大城市的环境污染都相当严重,要求改善城市自然环境的呼声很高。闹市寻幽,使城市园林山水兼备、花木丛生,在城市居民区再现自然风光,已经成为人民生活的迫切需求。

在很长一段时间里,我国大部分园林都遭受了不同程度的破坏,很多人没有认识到园林对改善生活环境的重要,没有认识到爱护园林其实就是爱护我们自己的生命。在我们的祖国重新踏上繁荣昌盛的征途以

后,园林的保护和复原开始受到多方重视。1982年11月,人大常委会通过并公布施行了《中华人民共和国文物保护法》,为文物保护工作提供了法律保证。文物的涉及面非常广泛,凡是具有历史、艺术、科学价值的,遗留在社会上或地上、地下各个历史时期的文化遗存,如古文化遗址、古墓葬、古建筑、石窟、纪念建筑物、历史珍贵艺术品等,都算作文物,受到国家的保护。我国古典园林的建筑、石碑、古树等自然也在保护之列。

保护园林是每一个公民的神圣职责。许多热心于园林事业的人们,怀着报国之心和振兴中华的激情,不惜呕心沥血,献技、献艺、献力、献智,决心把祖国的园林技艺继承下来,使之流传下去。作为中华民族一代新人的我们,同样应该承担起保护园林的职责,再不让珍贵的石碑上留下污浊的痕迹,再不让清澈的湖水里漂浮肮脏的纸屑。

1. 保护园林,从上到下每个公民都应该贯彻执行党的路线、方针、政策,遵守国家法律、法规和各项规章制度。

2. 园林工作人员要不断提高园林规划设计方案的档次和可操作性,更好地为城市绿化工作服务。

3. 园林工作人员要加强绿化工程的施工监督管理,严把工程开工、建设、验收关,保证工程质量。

4. 园林工作人员要强化绿化养护管理,保证树木花草生长良好;强化苗圃、花圃苗木培育和日常管理,确保城市绿化建设需要。

5. 每个公民均有责任和义务积极宣传国务院、省、市、县绿化法律法规,营造浓厚的社会绿化舆论氛围。

6. 国家要加强园林行业管理工作,深入开展单位绿化和居住区绿化达标督导和技术指导;开展花园式单位评选;做好古树名木普查建档工作,加强绿化养护专业技术人员教育培训,不断提高绿化水平。

7. 作为中华民族的一代新人,更应该主动承担起保护园林的职责。爱护园林,人人有责。

(说明:本书使用的个别图片无法与原作者取得联系,在此表示歉意,敬请原作者及时与我社联系,我社将按照有关标准支付报酬。)